施工现场专业管理人员实用手册系列

测量员实用手册

赵则鸣　主编

中国建筑工业出版社

图书在版编目（CIP）数据

测量员实用手册/赵则鸣主编. —北京：中国建筑工业
出版社，2016.12
（施工现场专业管理人员实用手册系列）
ISBN 978-7-112-19708-8

Ⅰ.①测… Ⅱ.①赵… Ⅲ.①建筑测量-手册
Ⅳ.①TU198-62

中国版本图书馆 CIP 数据核字（2016）第 198943 号

　　本书是《施工现场专业管理人员实用手册系列》中的一本，供施工现场测量员学习使用。全书结合现场专业人员的岗位工作实际，详细介绍了测量员岗位职责及职业发展方向，测量员的技术基础知识，常用仪器的操作方法及维护，测量误差与数据处理，测量控制，施工测量，建筑物观测测量，竣工测量，常用工具类资料。本书可作为测量员的培训教材，也可供职业院校师生和相关专业技术人员参考使用。

责任编辑：王砾瑶　范业庶
责任设计：李志立
责任校对：王宇枢　李欣慰

施工现场专业管理人员实用手册系列
测量员实用手册
赵则鸣　主编
*
中国建筑工业出版社出版、发行（北京西郊百万庄）
各地新华书店、建筑书店经销
北京科地亚盟排版公司制版
北京君升印刷有限公司印刷
*
开本：850×1168毫米　1/32　印张：6⅝　字数：178千字
2017年1月第一版　　2017年1月第一次印刷
定价：**20.00**元
ISBN 978-7-112-19708-8
（29178）

出 版 说 明

　　建筑业是我国国民经济的重要支柱产业之一，在推动国民经济和社会全面发展方面发挥了重要作用。近年来，建筑业产业规模快速增长，建筑业科技进步和建造能力显著提升，建筑企业的竞争力不断增强，产业队伍不断发展壮大。因此，加大了施工现场管理人员的管理难度。

　　现场管理是工程建设的根本，施工现场管理关系到工程质量、效率和作业人员的施工安全等。正确高效专业的管理措施，能提高建设工程的质量；控制建设过程中材料的浪费；加快建设效率。为建筑企业带来可观的经济效益，促进建筑企业乃至整个建筑业的健康发展。

　　为满足施工现场专业管理人员学习及培训的需要，我们特组织工程建设领域一线工作人员编写本套丛书，将他们多年来对现场管理的经验进行总结和提炼。该套丛书对测量员、质量员、监理员等施工现场一线管理员的职责和所需要掌握的专业知识进行了研究和探讨。丛书秉着务实的风格，立足于工程建设过程中施工现场管理人员实际工作需要，明确各管理人员的职责和工作内容，侧重介绍专业技能、工作常见问题及解决方法、常用资料数据、常用工具、常用工作方法、资料管理表格等，将各管理人员的专业知识与现场实际工作相融合，理论与实践相结合，为现场从业人员提供工作指导。

本书编写委员会

主　　编：赵则鸣

编写人员：童朝宝　侯　赟　刘伟国　周东升　罗　维

　　　　　童国军　项　钰　林作贤　林金桃

前　　言

在工程建设过程中，工程测量既是保证工程有效进行的重要手段，同时也是对图纸中各项数据进行复核的重要措施。为了保证工程整体建设效果和建设质量，我们应充分认识到工程测量的重要性，并在工程建设中全面应用工程测量，全面提高工程测量的准确性，为工程建设提供有力的手段支持，确保工程测量能够在工程建设中发挥积极作用。

本手册重点介绍了工程测量的基本知识，测量仪器的使用，工程实地测设以及施工测量和变形观测等内容，并结合一定的测量实例。内容与实际工作联系密切，对培养施工人员的专业能力和岗位能力具有重要的作用。

为使本教材具有较强的实用性和通用性，以能力为重点，编写时力求做到内容准确、精炼、突出应用、加强实践。符合在岗测量人员的学习需求，教育理论与实践并重。

本书由杭州高新（滨江）水务有限公司赵则鸣担任主编，由杭州市建设工程质量安全监督总站童朝宝；杭州市建设工程质量安全监督总站侯赟；浙江新盛建设集团有限公司刘伟国；浙江中材工程勘测设计有限公司周东升；杭州天恒投资建设管理有限公司罗维；浙江新盛建设集团有限公司童国军；杭州市滨汇区建筑工程质量安全监督站项钰；杭州高新（滨江）水务有限公司林作贤、林金桃参与编写。

新的测量技术不断涌现，同时由于编者的水平有限，书中难免有错漏之处，恳请读者在使用过程中将发现的纰漏、错误以及建议及时反馈给编者，以完善本书，以利再版。

目　　录

第1章　测量员岗位职责及职业发展方向 ……………… 1
1.1　测量员的地位及特征 …………………………… 1
1.2　测量员应具备的条件 …………………………… 2
1.3　测量员应完成的主要工作任务 ………………… 2
1.4　测量员的岗位职责和义务 ……………………… 4
1.5　测量员成长的职业发展前景 …………………… 5

第2章　测量员的技术基础知识 ……………………… 7
2.1　工程测量的基本概念 …………………………… 7
2.2　工程测量的任务和流程 ………………………… 8
2.3　工程测量的目的和重要性 ……………………… 9
2.4　测设基本要求 …………………………………… 11
2.5　测量成果的处理 ………………………………… 16

第3章　常用仪器的操作方法及维护 ………………… 27
3.1　水准仪 …………………………………………… 27
3.2　经纬仪 …………………………………………… 43
3.3　光电测距仪 ……………………………………… 64
3.4　全站仪 …………………………………………… 67

第4章　测量误差与数据处理 ………………………… 81
4.1　测量误差的概述 ………………………………… 81
4.2　随机误差 ………………………………………… 82
4.3　系统误差 ………………………………………… 87
4.4　粗大误差 ………………………………………… 88
4.5　函数误差 ………………………………………… 91

第 5 章　测量控制 ·········· 94

　5.1　建筑物放样的程序和要求　·········· 94

　5.2　施工控制网的布设　·········· 96

　5.3　施工控制网精度的确定方法 ·········· 102

　5.4　施工测量控制网的建立 ·········· 104

第 6 章　施工测量 ·········· 115

　6.1　场地平整测量 ·········· 115

　6.2　建筑物的定位放线 ·········· 122

　6.3　建筑物基础测量 ·········· 128

　6.4　砌筑过程中的测量工作 ·········· 130

　6.5　高层建筑物的施工测量 ·········· 133

　6.6　工业厂房的施工测量 ·········· 139

　6.7　新技术在施工测量中的应用 ·········· 146

第 7 章　建筑物观测测量 ·········· 158

　7.1　建筑物的沉降观测 ·········· 158

　7.2　建筑物水平位移观测 ·········· 160

　7.3　建筑物的倾斜观测 ·········· 168

　7.4　建筑物的裂缝观测 ·········· 174

第 8 章　竣工测量 ·········· 177

　8.1　竣工测量要求 ·········· 177

　8.2　竣工总平面图的测绘 ·········· 179

第 9 章　常用工具类资料 ·········· 182

　9.1　常用测量术语和符号 ·········· 182

　9.2　常用表 ·········· 190

　9.3　国家工程标准强制性条文 ·········· 202

参考文献　·········· 204

8

第1章　测量员岗位职责及职业发展方向

1.1　测量员的地位及特征

1.1.1　测量员的地位

测量员是利用各种仪器和工具，对建筑场地上的位置进行度量和测定的重要人员，是建筑施工过程中重要的环节和基础性工作，是实现设计意图、保证建筑产品质量的关键所在。在各单位、各分项、分部工程施工及设备安装之前进行施工放样，为后续的施工和设备安装提供轴线、中心线、标高等施工标志，从而确保工程的质量和进度。建筑工程在施工之前都必须进行测量。因此，在开工前先进行测量，已经成为工程如期开工以及顺利进行的关键所在。

1.1.2　测量员的特征

1. 测量员必须持有测量员证书。

2. 紧密配合施工，坚持认真负责、实事求是的工作作风。

3. 测量前了解设计意图，校核图纸；了解施工部署，制定测量放线方案。

4. 需会对测量仪器核定、校正。

5. 与设计、施工等方面密切配合，并事先做好充分的准备工作，制定与施工同步的测量放线方案。

6. 在整个施工阶段和主要部位做好放线和验线工作，并要在审查测量放线方案和指导检查测量放线工作等方面加强工作，避免返工造成不必要的损失。

7. 要主动进行验线工作，验线工作要从审核测量放线方案开始，在各主要阶段施工前，对测量放线工作提出预防性要求。

8. 负责沉降观测、垂直观测，并进行记录整理观测结果。

9. 负责整理完善基线复核、测量记录等测量资料。

1.2 测量员应具备的条件

1. 能熟练运用测量过程中所要用到的仪器，如水准仪、经纬仪、全站仪、电子测距仪、GPS 等测量仪器。

2. 对测量过程中所采集的数据进行记录整理并计算处理。

3. 熟悉测量规范和仪器性能，遵守操作规则及各项管理制度。

4. 根据施工顺序和进程及时做好测量放线工作。

5. 对各种测量仪器做好日常维护和保养工作。

6. 熟悉施工图纸，能对日常测量工作做出完善的方案，对于设计方案的更改要及时做出相应的调整。

7. 工程项目测量档案、记录、资料等工作要及时处理，对测量资料的真实性、正确性负责。

8. 对于测量中所发生的事故进行分析与处置。

1.3 测量员应完成的主要工作任务

工程测量学主要包括工程测量和工业测量两大部分，主要是为各种需要测绘的服务对象提供保障。工程测量一般可分为普通工程测量和精密工程测量。精密工程测量是未来工程测量学的发展方向，大型特种精密工程是促进工程测量学科发展的动力。

由于本书主要面向测绘人员，其服务的领域主要以工程建筑为对象，所以讲述的内容主要为普通工程测量，但也适当融入了精密工程测量的部分内容。

工程测量学按所服务的对象分为建筑工程测量、线路工程测量、桥隧工程测量、地下工程测量等。各项服务对象的测量工作各有特点与要求，但从其测量的基本理论技术与方法来看，又有很多共同之处。学习时，我们要注意特殊和一般、个性与共性的关系。学习完工程测量学后，对于上述任一种工程测量都能理解和掌握。

1.3.1 工程测量的主要内容

1. 控制网布设及优化设计

控制网分为测图控制网、施工控制网、变形监测网和安装控制网，它们不同于国家基本网和城市等级网，在选点、埋标、观测方案设计、质量控制、平差计算、精度分析及其他与之相关的数据处理等方面都具有自身的鲜明特色。目前，除特高精度的工程专用网和设备安装控制网外，绝大多数首级工程控制网可采用 GPS 定位技术来建立。如何将现代卫星测量技术与地面测量技术相互结合、取长补短显得非常重要。无加密控制网的控制测量将走进工程测量领域。对于各种精密工程中的施工控制网、变形监测网及安装控制网，都应该或者说都必须进行网的优化设计。优化设计涉及坐标系确定，基准选择，仪器与方法选取，网的精度、可靠性、灵敏度和建网费用等质量准则问题。

2. 地形图测绘

在工程勘测设计中所用的地形图比例尺一般较小，根据工程的规模可直接使用 1：10000～1：100000 比例尺的国家基本地形图。对于一些大型工程，往往还需要专门测绘 1：2000～1：5000 比例尺的区域性或带状地形图，一般采用航空摄影测量的模拟法、解析法或全数字化法测图，而对于一般工程的地形图测绘，则大多采用地面测量方法，用模拟的白纸成图或数字化机助成图法。在施工建设和运营管理阶段，往往需要用数字化机助成图法测绘 1：1000，1：500 乃至更大比例尺的地形图或专题图。工程测量中的地形测绘还包括水下（含江、河、库、湖、海等）地形测绘和各种纵横断面图测绘。各种比例尺的地形图是工程信息系统的基础地理信息。

1.3.2 测量员主要的工作内容

在日常工作中，多数人员会从事建筑工程中施工测量。对于地形图的测绘接触比较少。测量员在建筑工程施工中的工作可分为几个阶段：

（1）施工准备阶段

施工准备阶段测量员的工作任务主要是严格审核设计图纸并了解其设计意图，与建设单位移交的测量点位、数据根据设计与施工的要求编制合理的施工测量方案；测定出施工现场原有的地下建筑与构筑物、管线的位置与走向；进行方格网的测设、现场布置测量。

（2）施工阶段

施工阶段的主要工作是根据工程的进度对建筑物进行定位放线、轴线的投射、高程的控制等，作为按图施工的依据。并在施工的不同时期，做好工序的交接检查和隐蔽工程的验收。为施工过程中出现的有关工程平面位置、高程位置等问题提供实测数据，以便准确的解决问题，保证工程的安全有序进行。

（3）工程竣工阶段

对工程各个主要部位视实际平面位置、高程、竖向与相关尺寸进行检测，为后期编绘竣工图提供依据。

（4）变形观测

按照现行行业标准《建筑变形测量规范》JGJ 8—2007，对设计、建设单位指定的工程部位，定期地进行周期沉降、水平位移与倾斜等变形观测。

1.4 测量员的岗位职责和义务

1.4.1 测量员的岗位职责

1. 贯彻执行国家、行业颁布的测量规范、规程和上级各项规章制度，编制工程测量方案，具体负责本单位的测量工作。

2. 熟悉测量规范、规则和仪器性能，遵守操作规则及各项管理制度，负责现场测量装置的定期检查、维护保养（管）等工作。

3. 认真执行各种施工规范和技术标准，不断增强责任感和质量意识，对测量放线造成的差错及损失负直接责任。

4. 根据施工顺序及时做好测量放线工作，并经项目技术负责人验线确认无误后方可进行下道工序。

5. 负责测量过程中原始数据的记录，对各种测量仪器做好维护和保养工作。

6. 熟悉施工图纸，建立健全工程项目测量档案、台账、记录、资料，对测量资料的真实性、正确性负责。

7. 参加测量事故分析、处置。

1.4.2 测量员的义务

1. 遵守国家有关安全生产方面的法律、法规和规章。

2. 遵守单位的安全生产规章制度和操作规程，服从管理，正确佩戴和使用劳动防护用品。

3. 测量员须了解其工作岗位和工作场所存在的危险因素，防范措施及事故应急措施。并对安全生产工作提出建议。

4. 若发现直接危及人身安全的紧急情况时，有权停止作业或者应采取应急措施保证人身财产安全。

5. 发现事故隐患或者其他不安全因素应立即予以处理及上报领导。

6. 负责保护好测量仪器，严禁无关人员和不了解仪器性能的人员动用仪器。

1.5 测量员成长的职业发展前景

未来随着测绘科学理论、技术和测绘仪器的发展，大量传统测量技术向数字化测绘技术的转化，对于我国工程测量技术的发展趋势主要体现在：测量数据管理的科学化、标准化、规格化；测量数据传播与应用的网络化、多样化、社会化。测量数据采集和处理的自动便捷化、实时化、数字化；GPS 技术、RS 技术、GIS 技术、数字化测绘技术以及先进地面测量仪器等将广泛应用于工程测量中，并发挥其主导作用。

随着技术的应用与发展，网络技术、通信技术、GPS 基准站的建立和发展，工程测量学在以下方面将得到显著发展：

1. 在变形观测数据处理和大型工程建设中，将发展基于知识的信息系统，并进一步与大地测量、地球物理、工程与水文地质以及土木建筑等学科相结合，解决工程建设中以及运行期间的安全监测、灾害防治和环境保护等各种问题；

2. 大型和复杂结构建筑、设备的三维测量，几何重构以及质量控制将是工程测量学发展的一个特点；

3. 多传感器的混合测量系统将得到迅速发展和广泛应用，如 GPS 接收机与电子全站仪或测量机器人集成，可在大区域乃至国家范围内进行无控制网的各种测量工作；

4. 工程测量将从土木工程测量、三维工业测量扩展到人体科学测量，如人体各器官或部位的显微测量和显微图像处理；

5. 测量机器人将作为多传感器集成系统在人工智能方面得到进一步发展，其应用范围将进一步扩大，影像、图形和数据处理方面的能力将进一步增强；

6. GPS 技术、GIS 技术将紧密结合工程项目，在勘测、设计、施工、管理一体化方面发挥重大作用。

工程测量学的发展，主要表现在从点信息到面信息获取，从静态到动态，从后处理到实时处理，从人眼观测操作到机器人自动寻标观测，从大型特种工程到人体测量工程，从高空到地面、地下以及水下，从人工测量到无接触遥测，从周期观测到持续测量，测量精度从毫米级到微米级乃至纳米级。工程测量学的上述发展将对改善人们的生活环境，提高人们的生活质量起到重要作用。

第 2 章　测量员的技术基础知识

2.1　工程测量的基本概念

测量学是研究整个地球的形状和大小以及确定地面点位关系的一门学科。其研究的对象主要是地球和地球表面上的各种物体，包括它们的几何形状及空间位置关系。

测量学将地表物体分为地物和地貌。地物是地球表面上各种自然物体和人工建筑物；地貌是指地势高低起伏的形态。地物和地貌总称为地形。

测量学是一门综合学科，测量学按照研究范围、研究对象及其采用的技术手段不同，可分为以下几个学科分支：

1. 大地测量学

大地测量是研究整个地球的形状、大小和外部重力场及其变化、地面点的几何位置，解决大范围的控制测量工作。大地测量学是测量学各分支学科的理论基础，它的主要任务是为测绘地形图和工程建设提供基本的平面控制和高程控制。按照测量手段的不同，大地测量学又分为常规大地测量学、空间大地测量学及物理大地测量学等。

2. 普通测量学

普通测量是研究地球表面一个较小的局部区域的形状和大小。由于地球半径很大，就可以把球面当成平面看待而不考虑地球曲率的影响。地形测量学的主要任务是图根控制网的建立、地形图的测绘及工程的施工测量。

3. 工程测量学

工程测量是研究工程建设在规划设计、施工和运营管理各个阶段所进行的各种测量工作。工程测量学的主要任务就是这三个阶段所进行的各种测量工作。

工程测量是一门应用学科，按其研究对象不同可分为：建筑、水利、铁路、公路、桥梁、隧道、地下、管线（输电线、输油管）、矿山、城市和国防等工程测量。

4. 摄影测量与遥感学

摄影测量与遥感技术主要是利用摄影或遥感技术来研究地表形状和大小的科学。其主要任务是将获取的地面物体影像，进行分析处理后建立相应的数字模型或直接绘制成地形图。根据影像获取方式的不同，摄影测量又分为地面摄影测量和航空摄影测量等。

5. 制图学

制图学主要是利用测量所获得的成果数据，研究如何投影编绘成图，以及地图制作的理论、方法和应用等方面的科学。

2.2　工程测量的任务和流程

2.2.1　工程测量的任务

工程测量的任务包括测设和测定两方面。测定是将地球表面上的地物和地貌缩绘成各种比例尺的地形图；测设是将图纸上设计好的建筑物的位置在地面上标定出来，作为施工的依据。它是研究各项工程在勘测设计、施工建设和运营管理各阶段所进行的各种测量工作的理论和技术的学科。其任务主要有以下三个方面：

1. 变形监测

在建筑物施工过程中，要进行变形监测，以指导和检查工程的施工，确保施工的质量符合设计的要求；在建筑物建成后的运营管理阶段，也要进行变形监测，对建筑物的稳定性及变化情况进行监督测量，了解其变形规律，以确保建筑物的安全。

2. 施工放样

在工程施工建设之前，测量人员要根据设计和施工技术的要求把建筑物的平面位置和高程在地面上标定出来，作为施工的依据，这项工作即为测设。施工放样是设计和施工的纽带，所以对施工放样有较高的精度要求。

3. 地形图测绘

要进行勘测设计，必须有设计底图。而该阶段测量工作的任务就是为勘测设计提供地形图，进行地形图测绘，也即测定。地形图测绘是使用各种测量仪器和工具，按一定的测量程序和方法，将地面上局部区域的各种地物和地势的高低起伏形态、大小，按规定的符号及一定的比例尺缩绘在图纸上，供工程建设使用。

总的来说，测量工作贯穿于整个工程建设的始终，在工程建设的勘测设计、施工和运营管理各个阶段都要进行测量工作。因此，测量员在整个工程的进程中扮演着重要的角色。

2.2.2　施工测量的流程

1. 在测量前对所用的仪器进行检查，看仪器是否完好能否达到测量的精度标准。对于已损坏的仪器应及时送往仪器鉴定部门检修或调换，绝不能用于测量工作。

2. 检查起始依据是否正确，如有差错应与设计单位联系，解决后办理文字手续后方可进行接下来的测量工作。

3. 检查控制点位看是否遭到破坏，如检查点位发现遭到破坏应将错误点按设计方案改正，确保其正确才可进行测量。

4. 进行定位放线、基础验收、柱梁的轴线定位、每层的竖向控制等工作。

5. 当测量完毕后应及时收纳保管仪器。

2.3　工程测量的目的和重要性

2.3.1　工程测量的目的

工程测量的目的分为两个两种：

1. 将事物以一定的比例缩绘成图叫作测定。由于要进行勘测设计，必须有设计底图。而测量的目的就是为勘测设计提供地形图，进行地形图测绘。

2. 将图纸上设计好的事物在实地标定出来叫作测设。在工程中每个施工过程都离不开测设，它是实地建设的依据。

2.3.2　工程测量的重要性

1. 工程测量在施工阶段的重要性

在工程施工过程中，从工程开工一直到工程结束，均离不开工程测量工作。首先对建筑物进行定位，确定建筑物的实际位置，有了准确的地面标识然后才能确立次区域是否有设计后新增建（构）筑物及新埋入地下管线，以保证机械设备的使用，在基槽开挖完毕后，要进行基槽验收，以及后续的垫层、底板线的投测，对于重要设备基础，如有螺栓、预埋件及预留孔等，在稳固好后，应及时进行测量轴线标高复验，并在混凝土浇筑过程中进行连续监测，以防备混凝土浇筑过程中，发生位移、沉降等质量事故的发生。

在基础施工完毕后，进行竣工线的投测，接下来设备安装需连续对设备的平整度、标高进行跟踪测量，以确保设备的工艺流程完好，保证设备联动达到设计要求。

2. 工程测量在验收阶段的重要性

最后的竣工测量是规划管理竣工验收的一项重要程序，竣工测量形成的成果报告是规划竣工验收审核的重要依据，竣工测量既有工程测量的普遍性要求，也有规划管理的特殊性要求，不仅涉及影响测绘管理部门掌握现状地理信息的正确性，而且涉及影响规划管理部门规划审批的落实和监督管理，因此竣工测量是关系到城市建设管理和规划实施落实的一项重要测绘工作。

3. 工程测量在管理阶段的重要性

在建筑物运营管理阶段，工程测量起着极其重要的作用。由于各种因素的影响，建筑物及其设备在运营过程中，都产生变形。这种变形在一定限度之内，应认为是正常现象，但如果超过了规定的限度，就会影响建筑物的正常使用，严重时还会危及建筑物的安全。因此在工程建筑物的施工和运营期间，必须进行监视观测，通过变形观测取得第一手的资料，可以监视工程建筑物的状态变化和工作情况，在发现不正常现象时，应及时分析原因，采取措施，防止事故发生并改善运营方式以保证安全。另外，通过在施工和运营期间对工程建筑物原体进行观测、分析研究，可以验证地基与基础的计算方法、工程结构的设计方法，对不同的地基与工程结构规定合理的允许沉陷与变形的数值，为工程建筑物的设计施工管理和科学研究工作提供资料。

由此可以看出，工程测量贯通整个工程建设前后，而且在工程建筑物的运营阶段也离不开工程测量，工程测量为城市工程建设的各阶段服务，是实现城市规划，保证工程质量的重要手段。

2.4 测设基本要求

测设的基本要求就是根据已有的控制点或地物点，按工程设计要求，将建（构）筑物的特征点在实地上标定出来，因此，首先要确定特征点与控制点或原有建筑物之间的角度、距离和高程关系，这些关系称为测设数据，然后利用测量仪器，根据测量数据将特征点测设于地面。测设的基本工作包括水平距离、水平角和高程的测设。

2.4.1 用钢尺测设已知水平距离

1. 一般方法

在地面上，由已知点 A 开始，沿给定方向，用钢尺量出已知水平距离 D 定出 B 点。为了校核与提高测设精度，在起点 A 处改变读数，按同法量已知距离 D 定出 B' 点。由于量距有误差，B 与 B' 两点一般不重合，其相对误差在允许范围内时，则取两点的中点作为最终位置。

2. 精确方法

当水平距离的测设精度要求较高时，按照上面一般方法在地面测设出的水平距离，还应再加上尺长、温度和高差 3 项改正，但改正数的符号与精确量距时的符号相反。即

$$S = D - \Delta l - \Delta l_t - \Delta l_h$$

式中　S——实地测设的距离；

　　　D——待测设的水平距离；

　　　Δl——尺长改正数，$\Delta l = \dfrac{\Delta l}{l_0} \cdot D$，$l_0$ 和 Δl 分别是所用钢尺的名义长度和尺长改正数；

　　　Δl_t——温度改正数，$\Delta l_t = \alpha \cdot D \cdot (t - t_0)$，$\alpha = 1.25 \times 10^{-5}$ 为钢尺的线膨胀系数，t 为测设时的温度，t_0 为钢尺的标准温度，一般为 20℃；

　　　Δl_h——倾斜改正数，$\Delta l_h = -\dfrac{h^2}{2D}$，$h$ 为线段两端点的高差。

例： 如图 2-1 所示，欲测设水平距离 AB，所使用钢尺的尺长方程式为：

$$l_t = 30.000\text{m} + 0.003\text{m} + 1.2 \times 10^{-5} \times 30 \times (t - 20℃)\text{m}$$

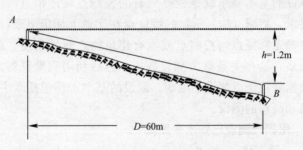

图 2-1　已知水平距离测设

测设时的温度为 5℃，AB 两点之间的高差为 1.2m，试求计算测设时在实地应量出的长度是多少？

解： 根据精确量距公式算出 3 项改正：

尺长改正：$\Delta l = \dfrac{\Delta l}{l_0} \cdot D = \dfrac{0.003}{30} \cdot 60 = 0.006\text{m}$

温度改正：$\Delta l_t = \alpha \cdot D \cdot (t - t_0) = 60 \times 1.2 \times 10^{-5} \times (5 - 20) = -0.011\text{m}$

倾斜改正：$\Delta l_h = -\dfrac{h^2}{2D} = -\dfrac{1.2^2}{2 \times 60} = -0.012\text{m}$

则实地测设水平距离为：

$$S = D - \Delta_l - \Delta_t - \Delta_h = 60 - 0.006 + 0.011 + 0.012 = 60.017m$$

测设时，自线段的起点 A 沿给定的 AB 方向量出 S，定出终点 B，即得设计的水平距离 D。为了检核，通常再放样一次，若两次放样之差在允许范围内，则取平均位置作为终点 B 的最后位置。

3. 光电测距仪测设已知水平距离

用光电测距仪测设已知水平距离与用钢尺测设方法大致相同。如图 2-2 所示，光电测距仪安置于 A 点，反光镜沿已知方向 AB 移动，使仪器显示的距离大致等于待测设距离 D，定出 B' 点，测出 B' 点反光镜的竖直角及斜距，计算出水平距离 D'。再计算出 D' 与需要测设的水平距离 D 之间的改正数 $\Delta D = D - D'$。根据 ΔD 的符号在实地沿已知方向用钢尺由 B' 点量 ΔD 定出 B 点，AB 即为测设的水平距离 D。

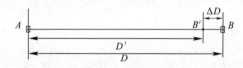

图 2-2　光电测距仪放样距离

现代的全站仪瞄准位于 B 点附近的棱镜后，能够直接显示出全站仪与棱镜之间的水平距离 D'，因此，可以通过前后移动棱镜使其水平距离 D' 等于待测设的已知水平距离 D 时，即可定出 B 点。

为了检核，将反光镜安置在 B 点，测量 AB 的水平距离，若不符合要求，则再次改正，直至在允许范围之内为止。

2.4.2　测设已知水平角

测设已知水平角就是根据一已知方向测设出另一方向，使它们的夹角等于给定的设计角值。按测设精度要求不同分为一般方法和精确方法。

1. 一般方法

当测设水平角精度要求不高时，可采用此法，即用盘左、盘右取平均值的方法。如图 2-3 所示，设 OA 为地面上已有方向，欲测设水平角 β，在 O 点安置经纬仪，以盘左位置瞄准 A 点，配置水平度盘读数为 0。转动照准部使水平度盘读数恰好为 β 值，在视线方向定出 B_1 点。然后用盘右位置，重复上述步骤定出 B_2 点，取 B_1 和 B_2 中点 B，则 $\angle AOB$ 即为测设的 β 角。

该方法也称为盘左盘右分中法。

2. 精确方法

当测设精度要求较高时，可采用精确方法测设已知水平角。如图 2-4 所示，安置经纬仪于 O 点，按照上述一般方法测设出已知水平角 $\angle AOB'$，定出 B' 点。然后较精确地测量 $\angle AOB'$ 的角值，一般采用多个测回取平均值的方法，设平均角值为 β'，测量出 OB' 的距离。按下式计算 B' 点处 OB' 线段的垂距 $B'B$。

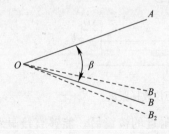

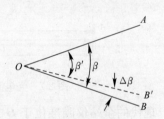

图 2-3　一般方法测设水平角　　图 2-4　精确方法测设水平角

$$B'B = \frac{\Delta\beta''}{\rho''} \cdot OB' = \frac{\beta - \beta'}{206265''} \cdot OB'$$

然后，从 B' 点沿 OB' 的垂直方向调整垂距 $B'B$，$\angle AOB$ 即为 β 角。如图 10-3 所示，若 $\Delta\beta>0$ 时，则从 B' 点往内调整 $B'B$ 至 B 点；若 $\Delta\beta<0$ 时，则从 B' 点往外调整 $B'B$ 至 B 点。

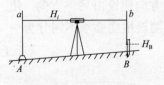

图 2-5　已知高程测设

2.4.3　测设已知高程

测设已知高程就是根据已知点的高程，通过引测，把设计高程标定在固定的位置上。如图 2-5 所示，已知高程点 A，其高程为 H_A，需

14

要在 B 点标定出已知高程为 H_B 的位置。方法是：在 A 点和 B 点中间安置水准仪，精平后读取 A 点的标尺读数为 a，则仪器的视线高程为 $H_i = H_A + a$，由图可知测设已知高程为 H_B 的 B 点标尺读数应为：

$$b = H_i - H_B$$

将水准尺紧靠 B 点木桩的侧面上下移动，直到尺上读数为 b 时，沿尺底画一横线，此线即为设计高程 H_B 的位置。测设时应始终保持水准管气泡居中。

在建筑设计和施工中，为了计算方便，通常把建筑物的室内设计地坪高程用 ± 0 标高表示，建筑物的基础、门窗等高程都是以 ± 0 为依据进行测设。因此，首先要在施工现场利用测设已知高程的方法测设出室内地坪高程的位置。

在地下坑道施工中，高程点位通常设置在坑道顶部。通常规定当高程点位于坑道顶部时，在进行水准测量时水准尺均应倒立在高程点上。如图 2-6 所示，A 为已知高程 H_A 的水准点，B 为待测设高程为 H_B 的位置，由于 $H_B = H_A + a + b$，则在 B 点应有的标尺读数 $b = H_B - (H_A + a)$。因此，将水准尺倒立并紧靠 B 点木桩上下移动，直到尺上读数为 b 时，在尺底画出设计高程 H_B 的位置。

同样，对于多个测站的情况，也可以采用类似分析和解决方法。如图 2-7 所示，A 为已知高程 H_A 的水准点，C 为待测设高程为 H_C 的点位，由于 $H_C = H_A - a - b_1 + b_2 + c$，则在 C 点应有的标尺读数 $c = H_C - (H_A - a - b_1 + b_2)$。

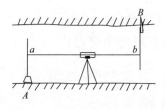

图 2-6　高程点在顶部的测设

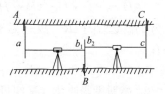

图 2-7　多个测站高程点测设

2.5 测量成果的处理

2.5.1 观测值的改化

　　距离、角度等定位元素都是在地球自然表面上测得的。当测量范围较大、区域相距较远时，测量数据处理工作必须在高斯平面上进行，即高等级控制点的坐标是高斯平面坐标。在大范围的控制测量中，需要将地表观测值（距离、角度等）改化成高斯平面上的相应值才能参与平差计算。观测值的改化包括距离改化、角度改化和高程改化。

　　1. 椭球体投影改化（又叫归算改正）

　　欲将地球自然表面上的距离值改化成高斯平面上的长度，

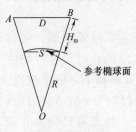

图 2-8　椭球体
投影改化

必须先将它投影到参考椭球面上。将地表上的距离观测值归算到参考椭球面上的工作叫作椭球体投影改化。

　　假设地面上 A、B 两点间的平距为 D，A、B 两点绝对高程平均值为 H_m；假设该位置处的参考椭球面与大地水准面重合，椭球平均半径为 R。如图 2-8 所示。

　　设 D 投影在椭球面上的平距为 S，则两相似 △ 得

$$D/S = (R + H_m)/R$$

$$S = D \cdot R/(R + H_m) = D - D \cdot H_m/(R + H_m)$$

若用加改正数的形式，则上式为：

$$S = D + \Delta D$$

　　$\Delta D = -D \cdot H_m/(R + H_m)$，叫作椭球体投影改正数。

因为 H_m 远小于 R，故多数情况下可略去分母中的 H_m，于是有：

$$\Delta D \approx -D \cdot H_m/R$$

　　2. 高斯投影改化（又叫投影改正）

　　高斯投影属于正形投影。投影时中央子午线与空心横向椭

圆柱面相切（图 2-9）。因投影带有一定宽度（经差 6°或 3°），所以除了中央子午线之外，与横向椭圆柱面不相切的地表区域投影后会被拉长、放大。因此，投影带内椭球面上任何一条边长在投影后都会产生伸长变形，并且这种变形的量值大小与该段边长所处位置至中央子午线的距离有关。

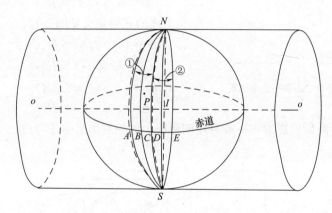

图 2-9　高斯投影

如图 2-10 所示，设参考椭球面上 A、B 两点间的长度 S 投影到高斯平面后成为 l，则 l/S 叫作投影的长度比，用 m 表示。m 是与 y 坐标平均值有关的变量，恒大于 1。

由高斯投影理论可知：

$$m = 1 + \frac{y_m^2}{2R^2} + \frac{(\Delta y)^2}{24R}$$

式中，$y_m = (y_a + y_b)/2$；$\Delta y = y_a - y_b$；y_a、y_b 分别是边长两端点 a、b 在高斯平面坐标系中的横坐标；地球的平均半径为 R（图 2-11）。

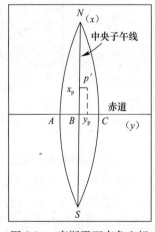

图 2-10　高斯平面直角坐标

若采用加改正数的形式，则有：$l = S + \Delta S$

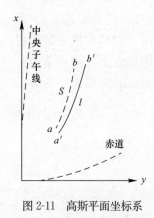

图 2-11　高斯平面坐标系

$$\Delta S = S\left[\frac{y_m^2}{2R^2} + \frac{(\Delta y)^2}{24R^2}\right]$$

按上式改化距离的精度可达 1cm。当精度要求较低时，可略去长度比中的最后一项，即：

$$\Delta S \approx S \cdot y_m^2/(2R^2)$$

上式的几何意义见图 2-12。

$$S \to l_s; \quad l_s = S + \Delta S$$

$$\Delta S \approx bb' \cdot (S/R)$$

$$bb' \approx y_m \cdot [y_m/(2R)]$$

$$\Delta S \approx S \cdot y_m^2/(2R^2)$$

高斯投影改正一般只在四等以上的控制测量中才考虑。

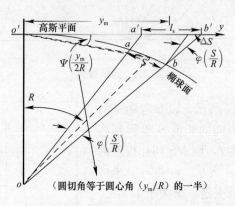

图 2-12　投影俯视图

3. 抵偿投影面的概念

在高精度、大范围的测量工程中，将地表上的距离观测值投影到高斯平面上需进行两次改化，即加上两项改正数。在日常的施工测量中会显得繁杂不实用。

椭球体归算改正 ΔD 和高斯投影改正 ΔS 的符号不同。ΔD 的符号为负，其大小与地表至投影面（参考椭球面。此处假设

18

与大地水准面重合）的垂直距离 H_m 有关；ΔS 的符号为正，其大小与投影边至中央子午线的距离（即 y 坐标）有关。

确定的地面位置（y_m 大致不变），在确定的投影带中，可选择一个合适的投影高程面（不是参考椭球面，而是某个假定的椭球面），改变地表至投影面的距离 H_m，从而使 ΔD 与 ΔS 的符号相反、大小相等，即 $\Delta D + \Delta S = 0$，意味着距离改化工作可省去不做，地表上的距离观测值就等于其在高斯平面上的长度。

如图 2-13 所示，假设将横坐标平均值为 y_m，绝对高程平均值为 H_m 的地表平距投影到绝对高程为 H_d 的投影面（相当于投影椭球面的半径为 $R + H_d$）时能使两项改正数之和为零，即：

$$\Delta D + \Delta S = -D \cdot H'_m / R + S \cdot y_m^2 / (2R^2)$$
$$= -D \cdot (H_m - H_d)/R + S \cdot y_m^2/(2R^2) = 0$$

考虑到 D 与 S 的差异很小，可近似认为 $D = S$，于是有：

$$(H_m - H_d)/R = y_m^2/(2R^2)$$
$$H_d = H_m - y_m^2/(2R)$$

取 $R = 6371000m$，有：

$$H_d = H_m - 7.8 \times 10 - 8 \times y_m^2$$

式中，H_d、H_m、y_m 均以"m"为单位。

在绝对高程大致为 H_m、横坐标大致为 y_m 的地区，选择高程为 H_d 的椭球面作为投影面时，可以认为地表上的距离观测值与高斯平面（以所选的投影椭球为基础的高斯平面）上的相应长度一致。

半径为 $(R + H_d)$ 的椭球面称作抵偿椭球面或抵偿投影面；H_d（抵偿椭球面相对于参考椭球面的高度）称作抵偿面高程。H_d 既可为正亦可为负。

施工中很少进行"角度的改化"；"高程基准面零点差"的概念比较简单，其就是一个高程"加常数"。

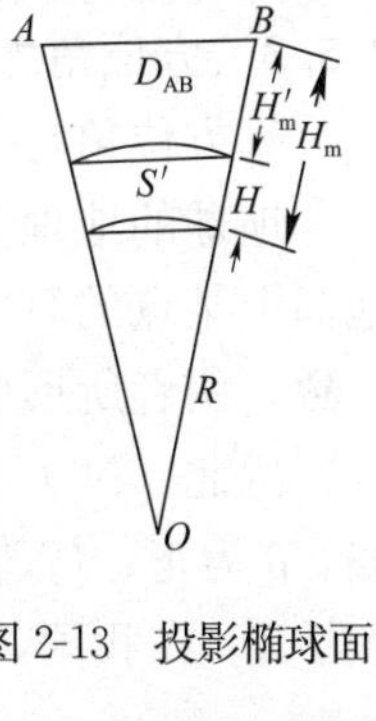

图 2-13 投影椭球面

19

2.5.2 方位角的确定

1. 方位角的概念

进行地面点定位时，既要确定点的绝对位置，还要确定点与点之间的相对位置。而确定两个地面点之间的相对位置时，不光要有距离，还需知道两点连线的方向。在测量上，直线的方向经常用方位角来表示，确定直线方向的工作叫作直线定向。

2. 方位角的种类

测量方位角分为三种：

真方位角。某点指向北极的方向线称为真北方向线，而经线，也叫真子午线。由真子午线方向的北端起，顺时针量到直线间的夹角，称为该直线的真方位角，一般用 A 表示。通常在精密测量中使用。

磁方位角。地球是一个大磁体，地球的磁极位置是不断变化的真方位角，某点指向磁北极的方向线（磁北方向通常可用罗盘（指南针）确定，即在地球磁场的作用下，磁针自由静止时其轴线所指的北方向）称为磁北方向线，也叫磁子午线。在地形图南、北图廓上的磁南、磁北两点间的直线，为磁子午线。由磁子午线方向的北端起，顺时针量至直线间的夹角，称为该直线的磁方位角，用 A_m 表示。

坐标方位角。由坐标纵轴方向的北端起，顺时针量到直线间的夹角，称为该直线的坐标方位角，常简称方位角，用 a 表示。

2.5.3 方位角之间的关系

真方位角与磁方位角之间的关系

地球的地理南北极与地磁场的南北极并不重合，因此，过地面上某点的真子午线方向（N）与磁子午线方向（N'）也不一致，两者所形成的夹角称为磁偏角，用 δ 表示。

磁北（N'）在真北（N）的东面时（图 2-14（b）），叫东偏，δ 为正；（N'）在（N）的西面时（图 2-14（a）），叫西偏，δ 为负。在我国，δ 的变化范围为 $-10°\sim+6°$。

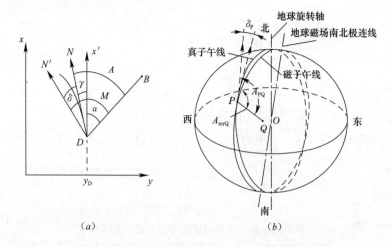

图 2-14　真方位角与磁方位角之间的关系

　　不论东偏、西偏，某直线方向的真方位角 A 与磁方位角 M 之间的关系如下：

$$A = M + \delta \quad (\delta \text{本身有正负})$$

　　真方位角与坐标方位角之间的关系：

　　由高斯投影原理知，中央子午线上任何一点处的真北方向（N）与轴北方向（x）一致。因此，以中央子午线上的任何一点作为起点的直线，其坐标方位角与真方位角相等。在投影带内除中央子午线以外的其他地方，轴北方向（x'）总是平行于中央子午线，但过某点 P 的子午线在投影后成为一条凹向中央子午线、收敛于两极的曲线（图 2-15（a）虚线），其真北方向（过 P 点作子午线切线的北方向）将随 P 的位置变化，通常与轴北方向不一致，二者之间的夹角叫子午线收敛角，用 γ 表示。

　　γ 也有正负之分。轴北偏东（即轴北在真北的东面）时，γ 为正值；轴北偏西时，γ 为负值。（图 2-15（b）中的 γ 为正值）由图易知真方位角与坐标方位角的关系：

$$A = \alpha + \gamma$$

　　某点 i 的子午线收敛角可用其经、纬度按下式计算：

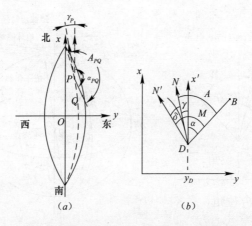

（a）　　　　　　　　　（b）

图 2-15　真方位角与坐标方位角之间的关系

$$\gamma_i = (L_i - L_0) \cdot \sin B_i \quad L_0 \text{ 为中央子午线经度)}$$

坐标方位角与磁方位角之间的关系：

$$A = M + \delta, A = \alpha + \gamma$$

$$\alpha = M + \delta - \gamma$$

利用三种方位角之间的关系，在某些情况下可根据需要进行转换。

在工程测量中，用得最多的是坐标方位角。

2.5.4　正反坐标方位角

测量工作中的直线都是具有方向的。

如图 2-16 所示，直线 AB 的起点是 A，终点是 B，其方向用 A-B 的坐标方位角 α_{AB} 表示。α_{AB} 是指从过 A 点的轴北方向（x）顺转至 A、B 的连线方向时所成的水平（夹）角，简称为 AB 的方位角。

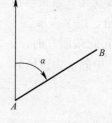

图 2-16　方位角

直线 BA 以 B 为起点、A 为终点，用 B-A 的坐标方位角 α_{BA} 表示其方向。α_{BA} 是指从过 B 点的轴北方向（x）顺转至 B、A 的连线方向时所成的水平角，简称为 BA 的方位角。

坐标方位角有正、反之分。α_{AB}、α_{BA}分别称作直线 AB 的正、反方位角,而 α_{BA}、α_{AB} 则称作直线 BA 的正、反方位角。同一直线的正、反坐标方位角相差 $180°$,正、反坐标方位角值都应在 $0°\sim360°$。若大于 $360°$,则需减去 $360°$。

2.5.5 坐标方位角的推算

实际工作中并不直接测量每一条边的方位角,而是通过测量未知边与已知边(其坐标方位角为已知)的水平夹角,再推算未知边的方位角。

如图 2-17(a)所示,已知边 AB 的方位角为 α_{AB};为求观测边 A_p 的方位角 α_{Ap},在 A 点测量出 AB 与 A_p 的水平夹角 β_A。根据方位角的定义(从轴北方向开始,顺量),结合图 2-17(a)得到:

$$\alpha_{Ap} = \alpha_{AB} + \beta_A$$

注:两条直线的起点须相同

计算结果大于 $360°$时须减去 $360°$,如图 2-17(b)所示。

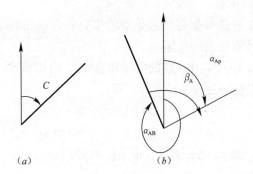

图 2-17 左角方位角的推算

上式是方位角推算式之一。需注意,β_A 是"左角",即站在起点(角顶 A)、面向终点(前进方向的未知点 p)时,位于观测者左手边的角度。左角也可理解为"从已知的边顺时针转至未知边所形成的水平角"。

如果观测的水平角不是左角而是"右角"(即位于前进方向

右边的角度，或从已知边逆转至未知边的水平角），如图 2-18 中的 β_A，则应按下式推算未知边的方位角：

$$\alpha_{Ap} = \alpha_{AB} - \beta_A$$

注：两条直线的起点须相同

计算结果小于 0°时需加 360°，如图 2-18。

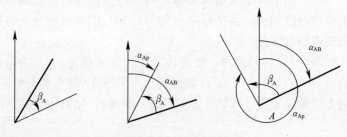

图 2-18　右角方位角推算

2.5.6　平面直角坐标的正算与反算

1. 坐标正算

坐标正算是根据直线起始点的坐标、方位角和起始点至终点的长度计算终点的坐标。

在图 2-19 中，由 i 点的坐标和直线 ij 的边长 S、方位角 α_{ij} 计算 j 点坐标的过程便是坐标正算。

$$x_j = x_i + \Delta x_{ij} = x_i + S \cdot \cos\alpha_{ij}$$
$$y_j = y_i + \Delta y_{ij} = y_i + S \cdot \sin\alpha_{ij}$$

式中，Δx_{ij}、Δy_{ij} 为纵、横坐标增量。

2. 坐标反算

坐标反算是根据直线始点和终点的坐标计算直线的长度和方位角。

在图 2-19 中，$i\text{-}j$ 的坐标增量为：

$$\Delta x_{ij} = x_j - x_i$$
$$\Delta y_{ij} = y_j - y_i$$

按下式计算 $i\text{-}j$ 的边长 S 和方位角 α_{ij}：

$$S = \sqrt{(\Delta x_{ij})^2 + (\Delta y_{ij})^2}$$

$$\alpha_{ij} = tg^{-1}\left(\frac{\Delta y_{ij}}{\Delta x_{ij}}\right) + 360 \quad (\Delta x_{ij} < 0)$$

$$\alpha_{ij} = tg^{-1}\left(\frac{\Delta y_{ij}}{\Delta x_{ij}}\right) + 180 \quad (\Delta x_{ij} < 0)$$

及

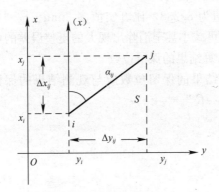

图 2-19　坐标反算

2.5.7　数的凑整与留位

1. 测量计算结果的凑整规则

日常在生活中的凑整规则一般是"四舍五入"。在该规则中，小于5时舍，大于5时入，但等于5时总是入却不合理。测量上经常会出现方向一致的累加式计算，如连续若干站水准高差中数的累加，常需对0.5进行凑整。为避免因多次"逢5进1"所积累造成的系统性误差，则需要对规则中"五入"的部分进行改进——当需要凑整的部分刚好等于保留末位的0.5个单位时，若凑整之前保留末位上的数字为"奇数"，则凑整时"进1"，为偶数则舍去不进。该规则叫作"单进双不进"。

例如，9.13455 和 9.13485。

保留四位小数时，前者为 9.1346（奇入），后者为 9.1348（偶不入），凑整后两数的平均值为 9.1347，与凑整前两数的平均值相同；若采用老的"四舍五入"规则来凑整，保留四位小数时前者为 9.1346，后者为 9.1349，凑整后两数的平均值（9.13475）不等于凑整前两数的平均值（9.1347），出现了"凑整误差"，并且这种凑整误差总是正的。

又如，假设连续几站的高差中数（黑、红面高差中数）为：3.1235，3.5865，1.5445，2.9815，其和为 8.236。

按老规则保留至 mm 时，得：3.124，3.587，1.545，2.982，累加值为 8.238，比真实值多 2mm。按"单进双不进"规则凑整时，可减小甚至消除出现大的凑整误差的可能性。

2. 测量计算结果的保留位数

测量计算结果的保留位数应与观测结果的保留位数相同，最多"多保留一位"。

第 3 章 常用仪器的操作方法及维护

3.1 水准仪

测定地面点高程的工作称为高程测量。高程测量的方法包括水准测量、三角高程测量等方法。其中水准测量是高程测量中最为常用且精度较高的一种方法。

3.1.1 水准测量原理

水准测量就是利用水准仪提供的水平视线测定地面上两点之间的高差，推求某点高程的方法。如图 3-1 所示，设 A 点的高程为 H_A，要确定 B 点的高程，可以直接在 A 点和 B 点之间安置一台能够提供水平视线的水准仪，然后在 A 点和 B 点安置刻画完好的水准尺，假设 A 点水准尺上的读数为 a，B 点水准尺上的读数为 b，则 A、B 两点间的高差为：

$$h_{AB} = a - b \tag{3-1}$$

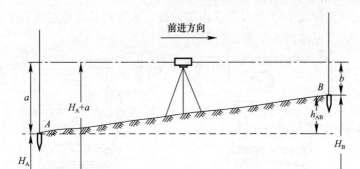

图 3-1　水准测量原理

由于水准测量是由 A 点朝 B 点方向进行的，因此 A 点称为后视点，B 点称为前视点，后视点 A 上的水准尺称为后视尺，

前视点 B 上的水准尺称为前视尺，后视尺 A 上的读数 a 称为后视读数，前视尺 B 上的读数 b 称为前视读数，因此，两点间的高差等于后视读数减前视读数。当后视读数大于前视读数，则高差为正值，反之高差为负值。

由于 A 点的高程为 H_A，则 B 点的高程为：

$$H_B = H_A + h_{AB} = H_A + a - b \qquad (3-2)$$

由于水平视线的高程 $H_i = H_A + a$，则

$$H_B = H_i - b \qquad (3-3)$$

式（3-3）在横断面测量及土石方测量中用得比较多。

3.1.2 水准测量的仪器

水准测量的仪器为水准仪，水准测量的工具为水准尺和尺垫。

水准仪按精度分，分为 DS05、DS1、DS3、DS10 几个型号；按制造材料分，分为光学水准仪和电子水准仪。各种型号的光学水准仪构造及使用方法大同小异，其中一般的工程测量中 DS3 型水准仪用得比较多，我们主要介绍微倾式 DS3 型水准仪的构造以及使用方法。

微倾式 DS3 型水准仪的构造：

微倾式 DS3 型水准仪由望远镜、水准器及基座三大部分组成，其基本构造如图 3-2 所示。

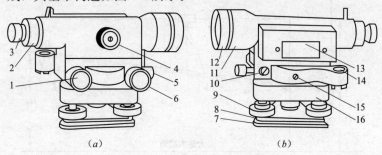

图 3-2　水准仪的基本构造

1—微倾螺旋；2—分划板护罩；3—目镜；4—物镜对光螺旋；5—制动螺旋；
6—微动螺旋；7—底板；8—三角压板；9—脚螺旋；10—弹簧帽；11—望远镜；
12—物镜；13—管水准器；14—圆水准器；15—连接小螺丝；16—轴座

（1）望远镜

望远镜的作用是用于瞄准远距离的目标。如图 3-3（a）所示，它由目镜、对光透镜、物镜、十字丝分划板等部分组成。其中，十字丝分划板上刻有十字丝和视距丝，如图 3-3（b）所示。物镜光心与十字丝分划板中十字丝中心所连成的直线叫做视准轴，也称为视线。如图 3-3（a）所示，远方的目标经过物镜及对光透镜的作用在十字丝分划板上形成倒立的实像，由于目标距望远镜的距离有远有近，此时可以转动对光螺旋，让对光透镜在望远镜镜筒内前后移动，使目标在十字丝分划板上形成倒立的实像，倒立的实像经过目镜的作用，最后形成倒立的虚像。倒立的虚像对人眼张成的角度与目标对人眼张成的角度之比称为望远镜的放大率，DS3 型水准仪望远镜的放大率为 28～30。

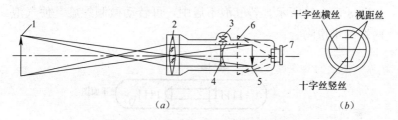

图 3-3　望远镜的构造及成像原理

（a）望远镜的成像原理；（b）十字丝分划板

1—目标；2—物镜；3—对光螺旋；4—对光透镜；5—倒立的实像；

6—放大的虚像；7—目镜

（2）水准器

水准器的作用是用于指示水准仪的视线是否水平或水准仪的竖轴是否竖直。水准器分为管水准器和圆水准器两种。

管水准器也称为水准管，如图 3-4 所示，它是一个封闭的玻璃管，玻璃管的内壁在纵向磨成圆弧形，圆弧的半径一般为 7～20m。玻璃管内盛有酒精和乙醚的混合液，并留有一个气泡。水准管圆弧上刻有间隔为 2mm 的分划线，水准管圆弧中每 2mm 弧长所对的圆心角称为水准管的分划值，水准管的分划值一般

用 r 表示。r 值越小，则水准管的灵敏度就越高，对于 DS3 型水准仪，其 r 值一般为 $20''/2mm$。圆弧的中点称为水准管零点。过水准管零点的切线称为水准管轴。当气泡的中心与水准管零点重合时，称为气泡居中。当气泡居中时，水准管轴就处于水平位置。如果视准轴与水准管轴平行，则当水准管的气泡居中时，视准轴就处于水平位置。

为了让水准管气泡的居中精度较高，在微倾式水准仪的水准管上方安装一组符合棱镜，如图 3-5（a）所示。通过符合棱镜的折光作用，使气泡两端的像成像在望远镜旁的符合气泡观察窗中。具有这种棱镜装置的水准器称为符合水准器（也称符合水准管）。若气泡两端的半像错开，则表示气泡不居中，如图 3-5（b）所示。若气泡两端的半像吻合，则表示气泡居中，如图 3-5（c）所示。若气泡不居中，可转动微倾螺旋，使气泡两端的半像吻合。

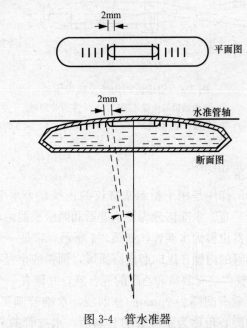

图 3-4　管水准器

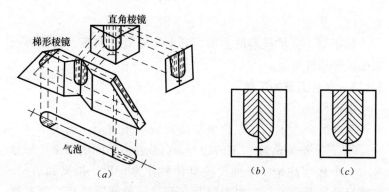

图 3-5 符合水准管

(a) 气泡成像原理；(b) 气泡不居中；(c) 气泡居中

圆水准器是由内表面磨成球面的玻璃圆盒制成的，如图 3-6 所示，球面中央刻有一个小圆圈，盒内为酒精和乙醚的混合液，并留有一个气泡。小圆圈的中心称为圆水准器零点，圆水准器零点与球心的连线的直线称为圆水准轴（$L'L'$）。当气泡的中心与圆水准器零点重合时，则圆水准器气泡居中。当圆水准器气泡居中以后，圆水准轴就处于铅垂位置。如果竖轴与圆水准轴平行，则当圆水准器气泡居中以后，竖轴就处于铅垂位置。由于圆水准器的分划值一般为 $8'/2mm$，所以圆水准器的灵敏度较低，它主要用于仪器的粗略整平。

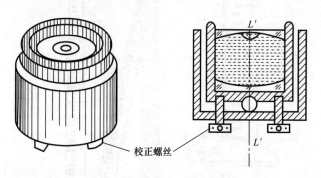

图 3-6 圆水准器

（3）基座

基座用于支承仪器的上部，它由脚螺旋、轴座、底板和三角压板等部件组成。

3.1.3 水准测量的工具

水准尺：

水准尺分为木制、铝合金材质和玻璃钢材质，长度为 3～5m，尺上每隔 1cm 或 0.5cm 涂有黑白或红白相间的油漆，每分米有一个数字注记。水准尺按尺种类分为直尺、折尺和塔尺。水准尺按尺面分，分为单面尺和双面尺，单面尺只有一面有刻划，而双面尺两面都有刻划。其中双面尺：一面涂有黑白相间的油漆，为黑面；另一面涂有红白相间的油漆，为红面。黑面起始读数为 0，而红面起始读数为 4.687m 或 4.787m，这两个数字也称为尺常数，水准测量时，水准尺是配对使用的，如果一根尺的尺常数是 4.687m，则另一根尺的尺常数是 4.787m，这样可以避免因观测时产生印象记忆模糊导致读数错误。

如图 3-7 所示，尺垫主要用于传递高程，它是用钢板或铸铁制成的，一般为三角形，中央有一突起的半球体，下方有三个脚尖。使用时把三个尖脚踩入土中，确保踩实不会下陷，防止水准尺下沉对测量造成影响，并把水准尺立在半球体的圆顶上。

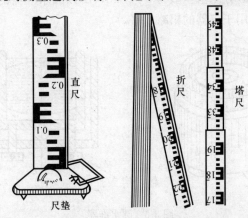

图 3-7 水准尺和尺垫

3.1.4 水准仪的使用

水准仪的使用程序主要分为安置水准仪、粗略整平、瞄准水准尺、消除视差、精确整平和读数 6 个步骤。

1. 安置水准仪

打开三脚架并调节好脚架腿长，使其高度适中，并使架头大致水平。检查脚架腿是否安置稳固，脚架腿螺旋是否拧紧。然后打开仪器箱取出水准仪放于三脚架上，并用连接螺旋将仪器固定连接在三脚架上。如遇到松软的泥土地，应将三脚架腿踩入泥土使其不会下沉，确保测量数据的准确性。

2. 粗略整平

粗略整平是通过调整脚螺旋使圆水准器的气泡居中，从而使仪器的竖轴处于铅垂位置，视准轴粗略水平。

安置好水准仪以后，如图 3-8（a）所示，假设气泡位于点1，则说明脚螺旋 A 侧偏高，用双手按箭头所指的方向旋转脚螺旋 A 和 B，降低脚螺旋 A，升高脚螺旋 B，则点1气泡会移到点2 的位置。再旋转脚螺旋 C，如图 3-8（b）所示，使气泡从点2 移到圆水准器中心位置，这就是仪器的粗略整平。需要注意的

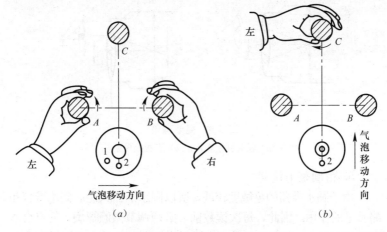

图 3-8　圆水准器气泡居中

（a）转动脚螺旋 A 和 B；（b）转动脚螺旋 C

33

是：气泡移动的方向始终与左手大拇指移动的方向一致，且顺时针方向转动脚螺旋使该脚螺旋升高。

3. 瞄准水准尺

用望远镜瞄准水准尺前，应调节目镜调焦螺旋，使十字丝清晰，然后利用望远镜的初步瞄准水准尺。当目镜里能够看到水准尺的影像时，将制动螺旋拧紧，再调节对光螺旋，使水准尺的影像清晰，最后调节微动螺旋，使十字丝竖丝瞄准水准尺的中央或边缘。

4. 消除视差

视差现象是当人眼在目镜旁上下微微晃动时，如果尺像与十字丝有相对移动的现象，如图3-9所示，称为视差。产生视差的原因是尺像与十字丝平面没有重合。由于视差的存在会影响到读数的准确性，因此，读数之前必须消除视差。消除视差的方法是通过调节目镜调焦螺旋和对光螺旋，使十字丝和尺像清晰，直到眼睛在目镜旁上下微微晃动，不再出现尺像和十字丝有相对移动的现象为止。

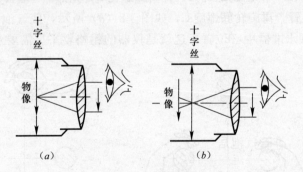

图 3-9　视差现象

(a) 没有视差现象；(b) 有视差现象

5. 精确整平仪器

由于圆水准器的灵敏度较低，所以圆水准器只能起到水准仪粗略整平的作用。因此，每次读数前，必须调节微倾螺旋，使符合水准管气泡居中，使得视线精确水平。当望远镜由一个方向转到另一个方向时，水准管气泡一般不再居中。所以望远镜每次改变方向后，也就是每次读数前，都要调节微倾螺旋，使视线精确水平。

6. 读数

符合水准管气泡居中后，利用十字丝中间的长横丝读取水准尺的读数。从水准尺上可以直接读出米、分米和厘米数，并估读出毫米数。由于望远镜一般为倒像，所以读数时应由上往下读，图3-10中长横丝的读数为1.948m。

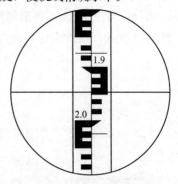

图 3-10　水准尺的读数

3.1.5　水准仪的实际运用

进行水准测量时，待测点与已知水准点间距离较远或地势起伏较大时，我们可以在两点之间选择一些临时性转点，测出相邻点之间的高差，最后求出两点之间的高程。水准测量的实施如图3-11所示，已知高程点 A，求高程点 B。首先在 A 点竖立水准尺，在 A 点、B 点之间适当的位置选择第一个转点 $TP1$，将水准尺安置在 $TP1$ 点（转点上需要使用尺垫），在 A 点、$TP1$ 点间安置水准仪（为了提高水准测量的精度，水准仪应架立在两水准尺中点，且水准尺到仪器距离不超过100m），将水准仪粗略整平后，先瞄准 A 点的水准尺，再转动微倾螺旋使符合水准管气泡居中，读取 A 点的后视读数 $a=2.414$m，然后瞄准 $TP1$ 点的水准尺，转动微倾螺旋使符合水准管气泡居中，读取 $TP1$ 点的前视读数 $b=1.476$m。把读数记入观测手簿，如表3-1所示，并计算 A 点、$TP1$ 点之间的高差 $h_1=0.938$m。再在 $TP1$ 点、B 点之间适当的位置选择第二个转点 $TP2$，$TP1$ 点的水准尺不动，仅把尺面转向前进方向，将 A 点的水准尺移到 $TP2$ 点，在 $TP1$ 点、$TP2$ 点间安置水准仪，将水准仪粗略整平后，先瞄准 $TP1$ 点的水准尺，再调节微倾螺旋使符合水准管气泡居中，读取 $TP1$ 点的后视读数 $a_1=1.735$m，然后瞄准 $TP2$ 点的水准尺，调节微倾螺旋使符合水准管气泡居中，读取 $TP2$ 点的前视读数 $b_2=1.428$m。把读数

记入观测手簿，并计算 $TP1$ 点、$TP2$ 点之间的高差 $h_2 =$
0.307m。如此继续，直至测到 B 点。转点 $TP1 \sim TP4$ 属于临时
性的过渡点，其作用是传递高程。

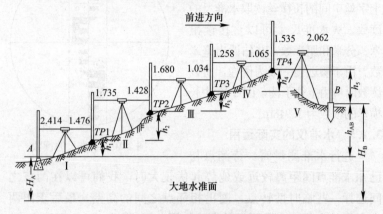

图 3-11　水准测量的实施

水准测量观测手簿　　　　　　　　表 3-1

测站	测点	后视读数 (m)	前视读数 (m)	高差（m）+	高差（m）−	高程（m）	备注
1	BM_A	2.414		0.938		48.145	
	$TP1$		1.476				
2		1.735		0.307			
	$TP2$		1.428				A 点高程为 48.145m B 点高程为 59.973m
3		1.680		0.646			
	$TP3$		1.034				
4		1.258		0.193			
	$TP4$		1.065				
5		1.535					
	B		2.062		0.527	49.702	
	$\sum$	8.622	7.065	2.084	0.527		
计算校核	$\sum a - \sum b = 8.622 - 7.065$ $= 1.557$			$\sum h = +1.557$		$H_B - H_A = +1.557$	
	$H_B - H_A = \sum h = \sum a - \sum b$						

每设一个转点便测得一个高差，即：

$$h_1 = a_1 - b_1$$
$$h_2 = a_2 - b_2$$
$$h_3 = a_3 - b_3$$
$$h_4 = a_4 - b_4$$

将上述各式相加，得：

$$h_{AB} = \sum h = \sum a - \sum b$$

则 B 点的高程为

$$H_B = H_A + h_{AB}$$

3.1.6 水准测量的检核

1. 计算检核

各站观测高差之和等于各站后视读数之和减去各站前视读数之和，此作为计算检核的条件。若两者不相等，则证明计算有错误。计算检核只能检查计算有无错误，不能检查观测和记录有没有错误。

2. 测站检核

为了避免因为一个测站的错误而导致整个测段的结果产生错误，可在每个测站上对观测成果进行检核。目前检核方法为改变仪器高度法和双面尺法。

改变仪器高度法是在每个测站上，测出两点间的高差后，再改变水准仪的高度，再测一遍。对普通水准测量，当两次测得的高差之差小于 5mm 时，则认为观测成果合格，此时取两次观测成果的平均值作为该测站的高差，否则应重新观测。

双面尺法是在水准仪高度不变的情况下，用两根水准尺的黑面和红面读数，测出相应的黑面和红面高差。对于普通水准测量，若黑面高差与红面高差之差小于 5mm 时，则认为观测成果合格，此时取黑面高差与红面高差的平均值作为该测站的高差，否则应重新观测。双面尺法在进行三、四等水准测量中用得比较多。

3. 路线检核

如果测量过程中转点的位置发生了变化，这时测站检核虽然是符合要求的，但观测高差却是错误的，此时，我们可以采用路线检核的方法加以检核。

水准路线分为闭合水准路线、附合水准路线和支水准路线三种。

闭合水准路线是从某一水准点（高程已知的点）出发，沿线进行水准测量，测出相邻点两点的高差，最后回到原来水准点上，这种水准路线称为闭合水准路线。闭合水准路线的高差之和应等于零，由于观测高差有误差，使得观测高差之和不等于零，其高差闭合差，即

$$f_h = \sum h$$

高差闭合差 f_h 的大小反映了观测成果的质量，f_h 越小，说明测量的成果质量越好。f_h 应小于相应的允许值 $f_{h允}$。对于普通水准测量，$f_{h允}$ 取值为：

平地　　　$f_{h允} = \pm 40 \sqrt{L} \text{mm}$

山地　　　$f_{h允} = \pm 10 \sqrt{n} \text{mm}$

式中，L 为水准路线的长度，km；n 为测站总数。

如果 f_h 超过相应的允许值 $f_{h允}$，则需重新观测。

附合水准路线从某一起始水准点 $H_{始}$ 出发，沿线进行水准测量，测出相邻点之间的高差，最后附合到终点水准点 $H_{终}$ 上，这种水准路线称为附合水准路线。附合水准路线的高差之和应等于两水准点之间的高程差，由于观测高差有误差，就使得观测高差之和不等于两水准点之间的高程差，两者之差称为附合水准路线的高差闭合差，即

$$f_h = \sum h - (H_{终} - H_{始})$$

附合水准路线高差闭合差的允许值 $f_{h允}$ 取值同闭合水准路线。

支水准路线是从某一水准点出发，沿线进行水准测量，测出相邻点之间的高差，它既不闭合到原来水准点上，也不附合

到另一水准点上，这种水准路线称为支水准路线。

由于支水准路线没有相应的检核条件，因此，应进行往返观测避免错误的发生。如果支水准路线进行了往返观测，则支水准路线的高差闭合差为

$$f_h = \Sigma h_{往} + \Sigma h_{返}$$

支水准路线高差闭合差的允许值 f_h 允取值同闭合水准路线，水准路线的长度或总测站数按单程计。

3.1.7 水准测量的内业计算

水准测量经过路线检核后，如果高差闭合差小于相应的允许值，则认为观测成果符合要求，此时应将高差闭合差进行合理分配，求出相关点的高程。

1. 高差闭合差与允许闭合差的比较

闭合水准路线 $f_h = \Sigma h_{测}$

附合水准路线 $f_h = \Sigma h_{测} - (H_{终} - H_{始})$

支水准路线 $f_h = \Sigma h_{往} + \Sigma h_{返}$

如果 $f_h < f_{h容}$，则进行下一步计算；否则必须找出超差原因，乃至于重新测量。

2. 高差闭合差的调整

对于同一水准路线，路线越长或测站数越多，则水准测量时，产生误差的机会就越多，因此可以将高差闭合差按与距离或测站数成比例反符号分配到各个观测高差中去，则得到相应的高差改正数

$$v_i = -\frac{f_h}{\Sigma L} L_i \quad (\text{按与距离成比例反符号分配高差闭合差})$$

$$(3-4)$$

或 $\quad v_i = -\frac{f_h}{\Sigma n} n_i \quad (\text{按与测站数成比例反符号分配高差闭合差})$

$$(3-5)$$

式中，ΣL 为水准路线的总长度；L_i 为第 i 测段水准路线的长度；Σn 为测站总数；n_i 为第 i 测段的测站数。

式（3-4）一般适用于平原地区，式（3-5）一般适用于山区。

3. 改正后高差的计算

各测段改正后的高差等于各测段观测高差加上相应的改正数，即

$$h_{改} = h_{测} + u_i$$

式中，$h_{改}$——第 i 段的改正后高差；

$h_{测}$——第 i 段的观测高差；

u_i——第 i 测段的高差改正数。

4. 高程的计算

由起始点的高程及改正后的高差即可计算各点的高程，推算出的终点的高程应等于终点的已知高程。

因为闭合水准路线可以看作附合水准路线两个水准点重合时的特例，因此，闭合水准路线高程的计算方法与附合水准路线高程的计算方法相同。对于往返观测的支水准路线，由往返观测的高差计算平均高差，再计算各点的高程。

3.1.8 仪器的检验与校正

如图 3-12 所示，水准仪的主要轴线有水准管轴 LL_1、视准轴 CC_1、仪器竖轴 VV_1、圆水准器轴 $L'L_1'$。根据水准测量原理，水准仪必须能提供一条水平的视线。为此，水准仪在结构上应主要满足以下几个条件：

1. 圆水准器轴 $L'L'$ 应平行于仪器的竖轴 VV_1。

2. 十字丝的中丝应垂直于仪器的竖轴 VV_1。

3. 水准管轴 LL_1 应平行于视准轴 CC_1。

在水准测量之前应对水准仪进行认真的检验与校正，保证上述条件的满足。圆水准器轴 $L'L_1'$ 平行于仪器的竖轴 VV_1 的检验与校正：

（1）检验方法

旋转脚螺旋使圆水准器气泡居中，然后将仪器绕竖轴旋转

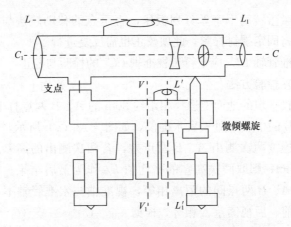

图 3-12 水准仪的轴线

180°，如果气泡仍居中，则表示条件满足；如果气泡偏出分划圈外，则需要校正。

（2）校正方法

校正时，先调整脚螺旋，使气泡向零点方向移动偏离值的一半，此时竖轴处于铅垂位置。然后，稍旋松圆水准器底部的固定螺钉，用校正针拨动三个校正螺钉，使气泡居中，这时圆水准器轴平行于仪器竖轴且处于铅垂位置。此项校正需反复进行，直至仪器旋转到任何位置时圆水准器气泡皆居中为止，最后旋紧固定螺钉。

十字丝中丝垂直于仪器的竖轴 VV_1 的检验与校正：

（1）检验方法

安置好水准仪，使圆水准器的气泡居中后，在望远镜中用十字丝中心瞄准明显的点状目标，然后拧紧制动螺旋，调节微动螺旋。微动时如果目标点 M 始终在中丝上移动，则表示中丝水平，即十字丝中丝垂直于仪器的竖轴 VV_1，不需要校正；如果目标点离开中丝，则需要校正。

（2）校正方法

松开十字丝分划板座上的固定螺钉，按十字丝倾斜方向的反方向微微转动十字丝分划板座，直至点的移动轨迹与中丝重合，再将固定螺钉拧紧。此项校正也需反复进行。

水准管轴 LL_1 应平行于视准轴 CC_1 的检验与校正：

（1）检验方法

在较平坦的地面上选择相距约 80m 的 A、B 两点打下木桩，在 A、B 的中点 C 处安置水准仪，如图 3-13（a）所示，变动仪器高度连续两次测出 A、B 两点差，若两次测出的高差之差不超过 3mm，则取两次高差的平均值 h_{AB} 作为最后结果。由于水准仪距 A、B 两点间的距离相等，视准轴与水准管轴不平行所产生的前、后视读差 Δ 相等，根据 $h_{AB}=(a_1-\Delta_1)-(b_1-\Delta_1)=a_1-b_1$，所以当仪器安置于 A、B 两点间时，测出的高差 h_{AB}。不受视准轴误差的影响。

如图 3-13（b）所示，在离 B 点大约 3m 的 D 点处安置水准仪，精确整平后读得 B 尺上的读数为 b。因水准仪离 B 点很近，两轴不平行引起的读数误差可忽略不计，即 $b_2'=b_2$。

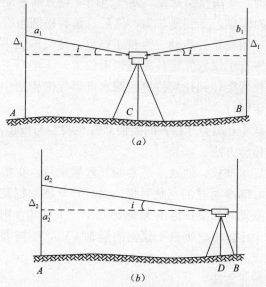

图 3-13　水准管轴平行于视准轴的检验

根据 b_2 和上一步计算的高差 h_{AB} 可算出 A 点水准尺上视线水平时的读数应为：

$$a_2' = b_2 + h_{AB}$$

然后，瞄准 A 点水准尺，精确整平后读出中丝读数 a_2。如果 a_2' 与 a_2 相等，则两轴平行。否则存在 i 角，其角值为：

$$i = \frac{a_2' - a_2}{D_{AB}} \rho$$

式中　D_{AB}——A、B 两点间的水平距离（m）；

　　　　i——视准轴与水准管轴的夹角（"）；

　　　　ρ——弧度的秒值，$\rho = 206265''$。

对于 DS3 型水准仪来说，i 角值不得大于 $20''$，如果超限则需要校正。

（2）校正方法

仪器在原位置不动，调节微倾螺旋，使十字丝的中丝在 A 点尺上读数从 a_2' 移动到 Δ_2，此时视准轴处于水平位置，而水准管气泡不居中。用校正针先拨松水准管一端左、右校正螺钉，再拨动上、下两个校正螺钉，使偏离的气泡重新居中，最后将校正螺钉旋紧，此项校正工作需反复进行，直到仪器在 B 端观测并计算出的 i 角值符合要求为止。

3.2　经纬仪

经纬仪按读数设备分为光学经纬仪和电子经纬仪。电子经纬仪因电子技术高度发展，正逐步代替光学经纬仪得到广泛应用。而目前在建筑测量中使用较多的还是光学经纬仪。

经纬仪的种类很多，但基本构造原理都是相同的。经纬仪按精度不同分为 DJ07、DJ1、DJ2、DJ6 等几个等级。其中 D、J 分别是"大地测量"和"经纬仪"的汉语拼音的首字母，07、1、2、6 表示仪器的测量精度，即"一测回方向观测中误差"，单位为秒。经纬仪按性能可分为方向经纬仪和复测经纬仪两种。

3.2.1 光学经纬仪的构造

图 3-14 所示是 DJ6 型光学经纬仪。虽然不同厂商生产的经纬仪会有一些不同，但其构造原理和使用方法基本相同。

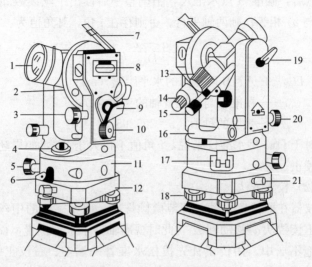

图 3-14 光学经纬仪构造

1—物镜；2—竖直度盘；3—竖盘指标水准管微动螺旋；4—圆水准器；
5—照准部微动螺旋；6—照准部制动螺旋；7—水准管反光镜；8—竖盘指标水准管；
9—度盘照明反光镜；10—测微轮；11—水平度盘；12—基座；13—望远镜调焦筒；
14—目镜；15—读数显微镜目镜；16—照准部水准管；17—复测扳手；18—脚螺旋；
19—望远镜制动螺旋；20—望远镜微动螺旋；21—轴座固定螺旋

光学经纬仪一般由基座、水平度盘和照准部三部分组成。

1. 基座

经纬仪的基座由轴座、角螺旋和连接板组成。轴座是将仪器竖轴与基座连接的部件，轴座上有一个固定螺旋，放松螺旋，可以将经纬仪水平度盘连同照准部从基座上取下，平时必须拧紧，防止仪器坠落损坏。脚螺旋用来整平仪器。连接板用来将仪器连接在三脚架上。

2. 水平度盘

水平度盘是由光学玻璃制成的带有刻划和注记的圆盘，在度盘的边缘按顺时针方向均匀地刻划成 360 份，每一份就是 1°，并注记度数。水平度盘装在仪器竖轴上。在水平角测量过程中，照准部转动时水平度盘不随照准部转动。为了改变水平度盘位置，仪器设有水平度盘转动装置。水平度盘转动装置包括以下两种结构：方向经纬仪，装有度盘变换手轮，在测量中，若需要改变度盘的位置，可利用度盘变换手轮将度盘转到所需要的位置上。为了避免作业中碰动此手轮，特设了护盖，配好度盘后应及时盖好护盖。对于复测经纬仪，水平度盘与照准部之间的连接由复测器控制。将复测器扳手往下扳，照准部转动时就带动水平度盘一起转动。将复测器扳手往上扳，水平度盘就不随照准部转动。

3. 照准部

经纬仪上部可转动部分就是照准部，主要由望远镜、旋转轴、支架、竖直制动微动螺旋、水平制动微动螺旋、横轴、竖直度盘装置、读数设备、水准器和光学对中器等组成。

望远镜的构造与水准仪基本相同，主要用来照准目标，仅十字丝分划板稍有不同，如图 3-15 所示。

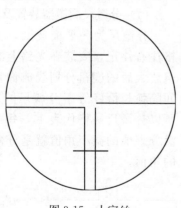

图 3-15 十字丝

仪器的纵轴就是照准部的旋转轴，纵轴插入基座内的纵轴轴套中旋转。由水平制动螺旋和水平微动螺旋来控制照准部在水平方向上的转动。望远镜的旋轴转称为水平轴（也叫横轴），它架于照准部的支架上。松开望远镜制动螺旋后，望远镜绕水平轴在竖直面内自由旋转；旋紧望远镜制动螺旋后，转动望远镜微动螺旋，可使望远镜在竖直面内做微小的上下转动，制动螺旋松开时，转动微动螺旋不起作用。照准部上有照准部水准管，用以置平仪器。竖直度盘固定在望远镜横轴的一端，随同望远镜一起转动。竖盘读数指标与竖盘指标水准管固连在一起，不随望远镜转动。竖盘指标水准管用于安置竖盘读数指针的正确位置，并借助支架上的竖盘指标水准管微动螺旋来调节。读数设备包括读数显微镜、测微器及光学棱镜和透镜。圆水准器用于粗略整平；管水准器用于精确整平。用光学对中器使仪器水平度盘中心与地面点处于同一铅垂线上。

4．光学经纬仪的读数方法

光学经纬仪的度盘分划线，由于度盘尺寸限制，最小分划值难以直接刻划到秒，为了实现精密测角，就要借助光学测微技术制作成测微器来测量不足度盘分划值的微小角值。光学经纬仪常用分微尺测微器和单平板玻璃测微器两种。

（1）分微尺测微器装置及读数方法

分微尺为一平板玻璃，上面刻有 60 格分划线，并每 10 格注有注记，安装在光路上的读数窗之前。经过折射和透镜组放大后的度盘分划线成像在上面，度盘分划线经放大后的间隔弧长恰好等于分微尺的全长。由于度盘分划间隔是 $1'$，所以分微尺一格代表 $1'$，每 10 格注记表示整 $10'$ 数，不足度盘分划值的微小角值就是分微尺 0 分划和度盘分划线间所夹的角值。

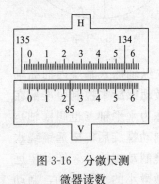

图 3-16　分微尺测微器读数

图 3-16 为分微尺测微器读数，其中"H"、"V"分别表示水平和竖直度盘的像。读数时，先读出落在分微尺间的度盘线注记的整度数，再以度盘分划线为指标线，读取微小角值的整 $10'$ 数，然后读出分数，并估读至 $0.1'$，如图 3-16 中水平度盘读数为 $134°55'12''$，竖盘读数为 $85°23'42''$。

（2）单平板玻璃测微器装置及读数方法

单平板玻璃测微器由平板玻璃、测微尺、测微轮及传动装置组成。单平板玻璃安装在光路的显微透镜组之后，与传动装置和测微尺连在一起，转动测微轮，单平板玻璃与测微尺同轴转动，平板玻璃随之倾斜。根据平板玻璃的光学特性，平板玻璃倾斜时，出射光线与入射光线不共线而偏移一个量，这个量由测微尺度量出来。转动测微轮使度盘线移动一个分划值（一格）$30'$，测微尺刚好移动全长。度盘最小分划值为 $30'$，测微尺共 30 大格，一大格分划值为 $1'$，一大格又分为 3 小格，一小格分划值为 $20''$。图 3-19 为其读数，有三个读数窗，上面为测微窗，有一单指标线；中间为竖直度盘影像，下面为水平度盘影像，均有双指标线。读数前，应先转动测微轮，使双指标线夹准（平分）某一度盘分划线，读出度数和整 $30'$ 数，再读出测微窗中单指标线所指出的测微尺上的读数，两者相加，图 3-17（a）中水平度盘读数为 $7°38'47''$。同理，图 3-17（b）中竖直度盘读数为 $97°20'40''$。

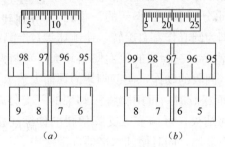

（a） （b）

图 3-17 单平板玻璃测微器读数

5. 角度测量的工具

经纬仪瞄准目标时所用的照准工具有测钎、标杆和觇板。通常我们将测钎、标杆的尖端对准目标点的标志，并竖直立好作为瞄准的依据。测钎适于距测站较近的目标，标杆适于距测站较远的目标。觇板一般连接在基座上并通过连接螺旋固定在三脚架上使用，远近皆可。觇板一般为红白相间或黑白相间，常与棱镜结合用于电子经纬仪或全站仪。

3.2.2　光学经纬仪的使用

角度测量时，要将经纬仪正确地安置在测站点上，然后才能观测。经纬仪的使用包括对中、整平、瞄准和读数四项基本操作。

1. 经纬仪的安置

经纬仪的安置包括仪器的对中和整平两项工作。

经纬仪的对中有两种方法，分别为铅锤对中和光学对中。对中的目的是使仪器中心与测站点的标志中心在同一铅垂线上。

铅锤对中整平，先将经纬仪安置在三脚架上。其操作步骤如下：

① 将三脚架三条腿的长度调节至大致等长，调节时先不要分开架腿且架腿高度要适合自己观测的高度，以便后面的初步整平和观测。

② 将三脚架的三个脚大致呈等边三角形的三个角点，分别放在测站点的周围使三个脚至测站点的距离大致相等，挂上锤球。

③ 两只手分别拿住三脚架的一条腿，并略抬起作前后推拉和以第三个脚为圆心作左右旋转，使锤球尖对准测站点。

④ 若操作后，三脚架的顶面倾斜较大，可将两手拿住的两条腿作张开、回收的动作，使三脚架的顶面大致水平。

⑤ 当地面松软时，可用脚将三脚架的三支脚踩实，若破坏了上述操作的结果，可调节三支脚架腿的伸缩连接部位，使受到破坏的状态复原，同时使圆水准器气泡居中。

⑥ 精确整平，先转动仪器使水准管平行任意两个脚螺旋的连线，然后同时相反或相对转动这两个脚螺旋，使气泡居中，气泡移动的方向与左手大拇指移动的方向一致；再将仪器旋转90°，使水准管于先前水准管位置垂直，转动第三个脚螺旋，使气泡居中。按上述方法反复进行，直至仪器旋转到任何位置，水准管气泡偏离零点不超过一格为止。

光学对中整平，先将经纬仪安置在三脚架上。其操作步骤如下：

① 将三脚架三条腿的长度调节至大致等长，调节时先不要分开架腿且架腿高度要适合自己观测的高度，以便后面的初步整平和观测。

② 将三脚架的三个脚大致呈等边三角形的三个角点，分别放在测站点的周围使三个脚到至测站点的距离大致相等，使光学对中器中能观察对中器分划板和测站点成像，若不清晰，可分别进行对中器目镜和物镜调焦，直至清晰为止。固定三脚架的一条腿于测站点旁适当位置，两手分别握住三脚架另外两条腿作前后移动或左右转动，同时从光学对中器中观察，使对中器对准测站点。

③ 根据气泡偏离情况，分别伸长或缩短三脚架腿，使圆水准器气泡居中。

④ 精确整平，操作方法与铅锤对中整平一样。

⑤ 精确对中，稍微放松连接螺旋，平移经纬仪基座，使对中器精确对准测站点。

精确整平和精确对中应反复进行，直到对中和整平均达到要求为止。

2. 瞄准

瞄准是利用望远镜十字丝的交点精确对准目标。其操作顺序是：

（1）松开照准部和望远镜制动螺旋。

（2）调节目镜，将望远镜瞄准远处天空，转动目镜调焦螺旋，直至十字丝分划最清晰。

（3）转动照准部，用望远镜粗瞄器瞄准目标，然后固定照准部。

（4）转动望远镜调焦螺旋，进行望远镜调焦（对光），使目标成像清晰。

在瞄准时，要注意消除视差。人眼在目镜处上下移动，检查目标影像和十字丝是否相对晃动。如有晃动现象，说明目标影像与十字丝不共面，即存在视差，视差影响瞄精度。重新调节对光，直至无视差存在。

（5）用照准部和望远镜微动螺旋精确瞄准目标。

3. 读数

打开反光镜，转动读数显微镜调焦螺旋，使读数分划清晰，然后根据仪器的读装置，进行读数。

3.2.3 水平角的测量

由于望远镜可绕经纬仪横轴360°旋转，所以角度测量时依据望远镜与竖直度盘的位置关系，望远镜位置可分为正镜和倒镜两个位置。

正镜、倒镜是指观测者正对望远镜目镜时竖直度盘分别位于望远镜的左侧或右侧，也称盘左、盘右。理论上，正、倒镜瞄准同一目标时水平度盘读数相差180°。

角度观测中，为了削弱仪器误差对结果的影响，一测回中要求正、倒镜两个盘位观测。水平角的观测方法一般根据目标的多少、测角精度的要求和施测时所用的仪器确定，常用的观测方法有测回法和方向法两种。

测回法适用于观测两个方向的单角。

1. 测回法

如图3-18所示，在角顶点 O 上安置经纬仪，对中、整平。在 A、B 两目标点设置标志（如竖立测钎或花杆）。将经纬仪置

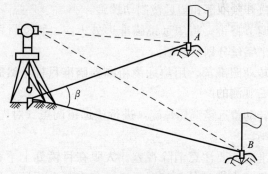

图3-18　测回法观测水平角

50

于盘左位置（竖盘在望远镜的左侧也称为正镜）。转动照准部，先精确瞄准左目标 A，制动仪器；调节目镜和望远镜调焦螺旋，使十字丝和目标成像清晰，消除视差；读取水平度盘读数 a_L，记入手簿相应栏（表 3-2）。接着松开制动螺旋，顺时针旋转照准部，精确照准右目标 B，读取水平度盘读数 b_L，记入手簿相应栏（表 3-2）。

测回法观测水平角记录手簿　　　　　　表 3-2

测站	测回	竖盘	目标	水平度盘读数 (° ′ ″)	半测回角值 (° ′ ″)	一测回角值 (° ′ ″)	各测回角值 (° ′ ″)	备注
O	第一测回	左	A	00 00 06	90 24 30	90 24 27	90 24 24	
			B	90 24 36				
		右	A	180 00 24	90 24 24			
			B	270 24 48				
O	第二测回	左	A	90 00 00	90 24 12	90 24 21		
			B	180 24 12				
		右	A	270 00 06	90 24 30			
			B	00 24 36				

以上观测称为上半测回。

松开制动螺旋，转动望远镜成盘右，先瞄准 B 点，读取水平度盘读数 b_R；再逆时针旋转照准部照准 A 点，读取水平度盘读数 a_R，记入手簿相应栏。

以上观测称为下半测回，其盘右位置半测回角值 $\beta_R = b_R - a_R$，上、下半测回合称一测回。

理论上 β_L 和 β_R 应相等，但由于误差的存在，使其相差一个 $\Delta\beta$，称为较差，当 $\Delta\beta$ 小于容许值 $\Delta\beta_{容}$ 时，观测结果合格，取盘左、盘右观测的两个半测回值的平均值作为一测回值 β，即

$$\beta = \frac{1}{2}(\beta_L + \beta_R)$$

$\Delta\beta_{容}$ 称为容许较差，一般为 $\pm 40''$。当 $\Delta\beta$ 大于 $\Delta\beta_{容}$ 时需要重新观测。

2. 方向观测法

在一个测站上，当要测得数个（3个以上）水平角，就需用方向观测法（全圆测回法）进行角度测量。该方法以某个方向为起始方向（又称零方向），依次观测其余各个目标相对于起始方向的方向值，则每一个角度就是组成该角的两个方向值之差。如图 3-19 所示，O 点为测站点，A、B、C、D 为 4 个目标点。其操作步骤如下：

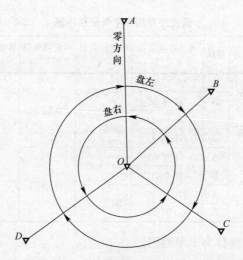

图 3-19 方向观测法测角示意图

（1）上半测回（盘左位置）

1）选择目标 A 作为起始零方向。照准 A 点配置水平度盘读数略大于 0°，读数记为 a_L，将 a_L 填入表 3-3 相应栏中。

2）顺时针依次精确瞄准 B、C、D 各点得到读数：b_L、c_L、d_L，并记入方向观测法记录表中。最后再次瞄准起始方向 A 得到读数 a_L'，称为归零，两次瞄准 A 点的读数之差称为"归零差"。对于不同精度等级的仪器，其限差要求是不相同的。

（2）下半测回（盘右位置）

1）使仪器为盘右位置。

2）按逆时针顺序依次精确瞄准 A、D、C、B、A 各点得到

读数 a_R、d_R、c_R、b_R、a'_R，并记入方向观测法记录表 3-3 中。

上、下两个半测回构成一个测回，在同一个测回内不能第二次改变水平度盘的位置。当精度要求较高，需测多个测回时，各测回间应按 $180°/n$ 配置度盘起始方向的读数。规范规定三个方向的方向观测法可以不归零，超过三个方向必须归零。

（3）计算与检验

1）半测回归零差：即上、下半测回中零方向两次读数之差 Δ（$a_L-a'_L$，$a_R-a'_R$，表 3-3 中第一测回中盘左、盘右半测回归零差分别为 $+12''$ 和 $+10''$）。若是归零差超限，则说明经纬仪的基座或三角架在观测过程中可能发生变动，或者是对 A 点的观测有错，此时该半测回需重测；若未超限，则可继续下半测回。

2）$2c$ 值：同一方向盘左、盘右水平度盘读数之差，即 $2c=$ 盘左读数－（盘右读数$\pm180°$）。

3）平均方向值：指各测回中同一方向盘左和盘右读数的平均值，平均方向值=1/2 [盘左读数＋（盘右读数$\pm180°$）]。

4）归零方向值：各平均方向值减去零方向括号内之值。例：$37°42'04''$。

5）各测回归零后平均方向值的计算：当一个测站观测两个或两个以上测回时，应检查同一方向值各测回的互差。一方向归零后方向的平均值作为最后结果。

方向观测法观测水平角观测记录手簿　　　　表 3-3

| 测站 | 测回 | 目标 | 水平度盘读数 | | 2c ('') | 平均读数 (° ′ ″) | 归零后的方向值 (° ′ ″) | 各测回归零方向值的平均值 (° ′ ″) | 备注 |
			盘左 (° ′ ″)	盘右 (° ′ ″)					
O	第一测回	A	00 02 12	180 02 00	$+12$	(00 02 10) 00 02 06	00 00 00	00 00 00	
		B	37 44 15	217 44 05	$+10$	37 44 10	37 42 04	37 42 04	
		C	110 29 04	290 28 52	$+12$	110 28 58	110 26 48	110 26 52	
		D	150 14 51	330 14 43	$+8$	150 14 47	150 12 37	150 12 33	
		A	00 02 18	180 02 08	$+10$	00 02 13			

| 测站 | 测回 | 目标 | 水平度盘读数 | | 2c (") | 平均读数 (° ′ ″) | 归零后的方向值 (° ′ ″) | 各测回归零方向值的平均值 (° ′ ″) | 备注 |
			盘左 (° ′ ″)	盘右 (° ′ ″)					
O	第二测回	A	90 03 30	270 03 22	+8	(90 03 24) 90 03 26	00 00 00		
		B	127 45 34	307 45 28	+6	127 45 31	37 42 07		
		C	200 30 24	20 30 18	+6	200 30 21	110 26 57		
		D	240 15 57	60 15 49	+8	240 15 53	150 12 29		
		A	90 03 25	270 03 18	+7	90 03 22			

在测量过程中会有多种因素对测量成果造成误差。影响测量误差的因素可分为三类：仪器误差、观测误差和外界条件影响。

（1）仪器误差

仪器误差有经纬仪本身构件不完善造成的误差，如照准部偏心、度盘刻划误差、竖轴不垂直等误差。也有仪器由于长期的使用和测量作业，使得各种轴线间的关系被破坏产生误差，这些误差中，有的可以用适当的方法消除或减弱其影响，有的可以通过校正的方法加以减弱或消除。

（2）观测误差

1）观测时，由于对中不准确使仪器中心与测站点中心不在同一铅垂线上，造成测站偏心，致使测角产生误差称为对中误差。

2）目标偏心误差

观测标志与地面点未在同一铅垂线上致使视线偏移就会造成目标偏心误差。其影响似于测站偏心。目标偏心距愈大，误差也愈大。

3）仪器整平误差

角度观测时若气泡不居中，就会导致竖轴倾斜而引起角度误差，因此，在观测过程中，要时刻做到管水准器在任何方向气泡都居中，仪器处于精确整平状态，以保持水平度盘水平、竖轴竖直。在一测回内，若是气泡偏离超过两格，就需要重新整平仪器，并重新观测该测回。

4）照准误差

测量时人眼通过望远镜瞄准目标产生的误差称照准误差。照准误差与望远镜的放大倍率，人眼的分辨能力，目标的颜色、大小、亮度和清晰度等因素有关，在测量中应做到精确瞄准。

5）读数误差

读数误差与读数设备、观测者的经验及读数视窗里照明情况有关，其中主要取决于读数设备的精度。其次要做好读数窗目镜调焦使读数窗刻划线、数字清晰，读数要快速准确，特别是估读秒值要正确。

（3）外界条件影响

外界环境对测角精度的影响较为复杂，且影响比较直观。比如大风、烈日暴晒、松软的土质会影响仪器和标杆的稳定性；大气折光会使视线产生偏折；温度会使仪器构件体积发生改变引起视准轴位置变化；雾气会使观测时目标模糊。这些外界因素都会给角度测量带来误差。所以在测量时应尽量选择较好的观测条件，避免不利因素对角度测量带来的影响，如测量过程中突然出现恶劣环境情况应及时暂停测量。

3.2.4 竖直度盘的构造

如图 3-20 所示经纬仪的竖盘位于望远镜转轴的一侧也叫竖直度盘，其刻划中心与横轴的旋转中心重合。所以在望远镜作竖直方向旋转时，度盘也随之转动。且有一个固定的竖盘指标，以指示竖盘转动在不同位置的读数。当望远镜绕横轴上下转动时，望远镜带动竖盘一起转动，作为竖盘读数用的读数指针，通过光学棱镜折射后，与竖盘刻划一起呈现在望远镜旁边的读数窗内。竖盘装置由竖直度盘、竖盘指标、竖盘指标水准管及竖盘指标水准管微倾螺旋等组成。当经纬仪安置在测站上，经对中、整平后，竖盘应处于竖直状态。读数指标与指标水准管固连，不随望远镜转动，只能竖盘指标通过指标水准管微动螺旋作微小移动，使竖盘指标水准管气泡居中，从而保证竖盘处于铅垂状态。

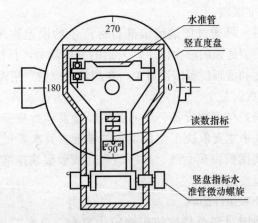

图 3-20 竖直度盘构造

不同型号的经纬仪，竖直度盘的分划注记不同，有顺时针方向注记与逆时针注记两种形式。虽然两种分划方式不同，但旋转一周仍是 360°，如图 3-21 所示。

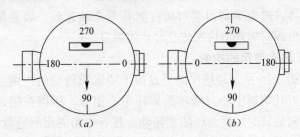

图 3-21 竖直度盘的注记形式
(a) 顺时针注记；(b) 逆时针注记

3.2.5 竖直角计算公式的确定

竖直角的计算方法因竖盘刻划的方式不同而不同。以顺时针注记为例，如图 3-22（a）所示，当在盘左位置且视线水平时，竖盘读数为 90°。当转动望远镜，瞄准高处一点时，即视线向上倾斜。此时，得到读数 $L<90°$，竖直角应为"＋"值。所以盘左时竖直角应为：$α_左=90°-L$。如图 3-22 (b) 所示，当在盘右位置且视线水平，则竖盘读数应为 $270°$。同样瞄准高处一点时，竖直角读数 $R>270°$，即此时竖直角应为：$α_左=R-270°$。为测量的准确，我们取盘左、盘右的平均值作为一个测回的角值。则最后成果为：

$$α=\frac{α_左+α_右}{2}=\frac{R-L-180}{2}$$

同理，由此可以得出逆时针注记形式的经纬仪竖直角计算式：

$$α_左=L-90°$$

$$α_右=270°-R$$

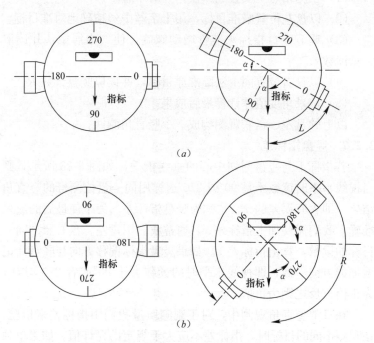

图 3-22 竖盘顺时针注记

根据上述公式的分析，可得竖直角计算公式的通用判别法：
(1) 当望远镜视线往上仰，竖盘读数逐渐增加，则竖直角的计算公式为：

　　　α＝瞄准目标时的读数－视线水平时的读数

　　（2）当望远镜视线往上仰，竖盘读数逐渐减小，则竖直角的计算公式为：

　　　α＝视线水平时的读数－瞄准目标时的读数

3.2.6　竖直角观测

　　由竖直角的定义可知，竖直角是倾斜视线与在同一铅锤面内的水平视线所夹的角度。由于水平视线的读数是固定的，所以只要读出倾斜视线的竖盘读数，即可求出竖直角度数。但为了消除仪器误差的影响，需要用盘左、盘右观测。观测步骤为：

　　（1）在测站点上安置经纬仪，并对中整平。

　　（2）以盘左位置瞄准目标，用十字丝中丝精确地对准目标。

　　（3）调节竖盘指标水准管微动螺旋，使气泡居中，并读取竖盘读数 L。

　　（4）以盘右位置同上法瞄准原目标，并读取竖盘读数 R。

　　（5）记录角度值并计算最后成果。

　　以上的盘左、盘右观测构成一个竖直角测回。

3.2.7　竖盘指标差

　　若指标不与竖盘刻划中心的垂线重叠，如图 3-23 所示，则当视线水平时读数不是 90°或 270°这样用同一盘位测得的竖直角结果，即含有误差的 x，这称为竖盘指标差。为了使最后的成果准确，我们需要加上指标差 x。通常我们用盘左、盘右照准同一目标的读数，算出指标差 x。如果竖盘指标偏移方向与竖盘注记增加的方向一致，即视线水平时的读数大于 90°或者 270°时，x 为正值；反之则为负值。

　　在日常竖直角观测中，对于观测质量我们用指标差来检验。在观测不同的目标时，指标差不应大于规定的允许值。如果单独用盘左或盘右测量竖直角时，加入指标差仍可以计算正确的角值。

　　在测量过程中，由于存在指标差 x，使盘左盘右测得的角值均大了 x。为了得到正确的竖直角 $α$，则：

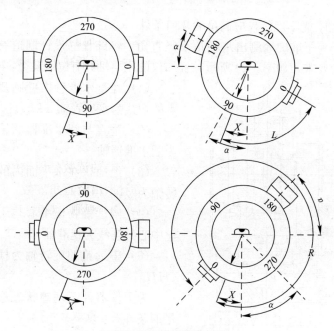

图 3-23 竖盘指标差

$$\alpha_{左} = 90° - (L - x) = \alpha_{左} + x$$
$$\alpha_{右} = (R - x) - 270° = \alpha_{右} - x$$

可得：

$$\alpha = \frac{\alpha_{左} + \alpha_{右}}{2} = \frac{R - L - 180°}{2}$$

因此竖盘指标差的计算公式为：

$$X = \frac{\alpha_{左} - \alpha_{右}}{2} = \frac{R + L - 360°}{2}$$

3.2.8 光学经纬仪的检验与校正

按计量法的规定，经纬仪与其他测绘仪器相同，必须定期送至法定检测机关进行检测，以评定仪器的性能是否能满足测量工作的需要。在日常使用中，由于各种原因仪器会发生一些变化。这就需要我们测量人员经常进行检验和校正，使仪器满足规范使用的要求。

1. 光学经纬仪应满足的几何条件

为了准确地测出水平角及竖直角，经纬仪的设计制造有严格的要求，如图 3-24 所示，经纬仪的主要轴线有以下几个：

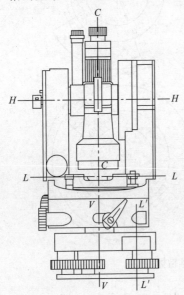

（1）经过水准管内壁圆弧中点的切线为水准管轴（LL）。

（2）垂直与圆水准器的轴线为圆水准器轴。

（3）经纬仪在水平面内的旋转轴为竖轴（VV）。

（4）望远镜物镜中心与十字丝中心的连线为视准轴（CC）。

（5）望远镜的旋转轴为横轴（HH）。

为了仪器处于理想状态应满足的条件有：

（1）照准部水准管轴应垂直于仪器竖轴。

（2）望远镜十字丝竖丝应垂直于仪器横轴。

图 3-24　经纬仪轴线

（3）视准轴应垂直于仪器横轴。

（4）仪器横轴应垂直于仪器竖轴。

（5）圆水准器轴应平行于竖轴。

（6）视线水平时竖盘读数因为 90°或 270°。

（7）光学对中器的视线应与竖轴的旋转中心线重合。

对于经纬仪在使用过程中，由于外界条件、磨损、振动等因素影响，其状态发生改变，对此必须对仪器进行检验和校正，即使是新仪器也需要检查。

2. 水准管轴垂直于竖轴的检验与校正

（1）检验方法

将仪器初步整平，使水准管平行于一对脚螺旋的连线，调节脚螺旋使气泡居中。然后将照准部旋转 180°，若水准管气泡仍居中，则说明符合条件，反之，应进行校正。

（2）校正方法

当气泡居中时，水准管轴（LL）不垂直与仪器竖轴（VV），它与铅垂线形成一夹角 a，如图 3-25（a）所示；当绕倾斜的竖轴（VV）旋转 180°后，水准管轴（LL）便与水平线形成夹角 2a，如图 3-25（b）所示，它为气泡的总偏移量。校正时用脚螺旋使气泡回移总偏移量的一半，则仪器便处于铅垂位置，如图 3-25（c）所示。再用校正针拨动水准管一端的校正螺钉，使气泡居中，如图 3-25（d）所示。反复几次，直至满足要求。

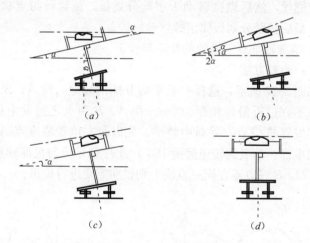

图 3-25　照准部水准管检验与校正

3. 望远镜十字丝的竖丝垂直于横轴的检验与校正

（1）检验方法

先整平仪器，使竖丝清晰地照准远处点状目标，并重合在竖丝上端。然后旋转望远镜微动螺旋，将目标点移向竖丝下端，检查此时竖丝是否与点重合，若明显偏离，则需校正，如图 3-26 所示。

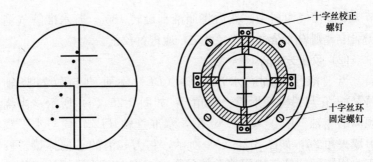

图 3-26　十字丝检验与校正

（2）校正方法

打开目镜端十字丝分划板的护盖，用校正针微微旋松分划板固定螺丝，然后微微转动十字丝分划板，使竖丝与点状目标重合，最后拧紧分划板固定螺丝盖好护盖。

4. 视准轴垂直于横轴的检验与校正

（1）检验方法

如图 3-27 所示，选择一处平坦开阔的场地，设 A、B 两点且距离不宜过近最好相距 100m。在 A、B 两点之间设中点 O，将仪器安置与 O 点，并对中整平。先以盘左位置瞄准点 A，并固定照准部。然后倒转望远镜 180°，此时点 B 应与视准轴重合，如 A、O、B 三点不在同一直线上则说明需要进行校正。

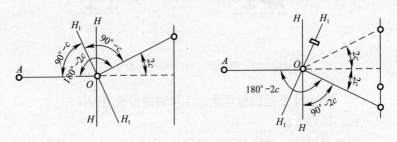

图 3-27　十字丝检验与校正

（2）校正方法

设视准轴误差为 c，在盘左位置时，视准轴 OA 与横轴 OH_1

的夹角为 $\angle AOH_1 = 90° - c$，如图 3-29 所示，倒转望远镜后，视准轴与横轴的夹角不变，即 $\angle H_1OB_1 = 90° - c$，因此，OB_1 与 OA 的延长线之间的夹角为 $2c$。同理，OB_2 与 AO 延长线的夹角也是 $2c$，所以 $\angle B_1OB_2 = 4c$。$4c$ 的大小可以由 B_1B_2 在分划小尺上的读数差反映出来。

校正时在尺上定出 B_3 点，使 $B_2B_3 = B_1B_2/4$，则 $\angle B_3OB_2 = c$。因此，OB_3 垂直于横轴 OH，然后松开望远镜护盖，用校正针稍松十字丝，上、下校正螺旋，拨动左右两个校正螺丝，使十字丝交点对准 B_3。此项检验校正也要反复进行。采用盘左、盘右观测取平均值，可消除此项误差。

5. 横轴垂直竖轴的检验与校正

（1）检验方法

将仪器安置在一个较高的建筑物附近，盘左瞄准墙上高处固定点 P，望远镜倾斜要大于 $30°$。然后将望远镜放平，在墙上定出一点 P_1，如图 3-28 所示。换成盘右再用高望远镜瞄准 P 点，同样放平望远镜定出另一点 P_2。如果 P_1 与 P_2 重合，则满足要求，无须校正；否则，应进行校正。

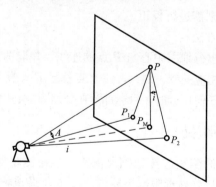

图 3-28　横轴的检验与校正

（2）校正方法

取 P_1 和 P_2 的中点 M，瞄准 M 后固定照准部，转动望远镜使与 P 点同高，此时十字丝交点将偏离 P 点。反复校正横轴的一端，使十字丝的交点对准 P 点。此项校正要反复进行。

6. 竖直指标差的检验与校正

(1) 检验方法

安置好经纬仪，用盘左、盘右分别瞄准同一目标，正确读取竖盘读数，计算出竖直角和指标差。当指标差超过 $\pm 1'$ 时，应加以校正。

(2) 校正方法

用盘右位置照准原目标。调节竖盘指标水准管微动螺旋，使竖盘读数对准正确读数。正确读数为指标差加上盘右视线水平时的读数。这时气泡不再居中，调节竖盘指标水准管校正螺丝，使气泡居中即可。注意勿使十字丝偏离原来的目标。应反复检校，直至指标差在 $\pm 1'$ 以内为止。

7. 光学对中器的检验与校正

(1) 检验方法

安置仪器于平坦地上，严格精确整平，在地面上固定一张白纸，光学对中器调焦，在纸上标记出视线的位置 P，将光学对中器旋转 $180°$，观察视线的位置 P 是否离开原来位置或偏离超限。若是，则需进行校正。

(2) 校正方法

在纸上画出分划圈中心与 P 点的连线，并取两点的中点 P'。调节对中器上相应的校正螺钉，使 P 点移至 P'。反复多次，直至照准部旋转到任何位置时，目标都落在分划圈中心为止。

3.3 光电测距仪

过去传统的测距方法如钢尺测距、视距测量等，存在着精度低，效率低且受地形限制等缺点。1946 年瑞典物理学家 Bergstrand 测量出了光速的值，并于 1948 年研制成了第一台用白炽灯作光源的测距仪，但是这台光电测距仪测程短、自重大、耗电多。由于光的速度就是电磁波的速度，光电测距仪也称电磁波测距仪，是利用仪器发射并接收电磁波，按传播速度及时间测定距离。随着近代光学、电子学的发展各种新颖的光源不断出现在生活中，如激光、红外光等。因此电磁波测距技术得到了快速的发展。在实际测量的运用中建立高精度的水平控制网，需要测定控制网的边长。在光电测距仪还未普及发展的时候精密距离的测量都是用因瓦基线尺测量待测边的长度，虽然精度可以保证，但是丈量工作受限于地形等环境因素，工作效率非常低。所以光电测距仪的出现很快代替了原来的因瓦基线尺。光电测距仪适用于高精度的远距离测量，也可应用于近距离的精密量距。

3.3.1 光电测距基本原理及使用

如图 3-29 所示，电磁波测距是利用电磁波作载波，测量两点间的距离。欲测定 A、B 两点间的距离 D，在 A 点安置光电测距仪，在 B 点设置反射棱镜，当光电测距仪发出的光束信号时光束会由棱镜反射后又返回到测距仪。因为光速是已知的，所以通过测定光束在 AB 之间传播的时间 t 和根据光束在大气中的传播的速度 c，可计算得距离 D：

$$D = \frac{1}{2} \cdot ct$$

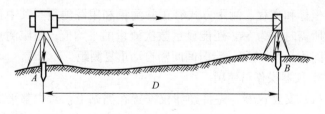

图 3-29　光电测距原理

光电测距仪根据测定时间 t 的方式，分为直接测定时间的脉冲测距法和间接测定时间的相位测距法。

在工程中使用的红外测距仪，一般采用相位式。相位式光电测距仪的测距原理是由光源发出的光束通过调制器后，成为光强随高频信号变化的调制光。通过测量调制光在待测距离上往返传播的相位差来计算距离。

3.3.2　光电测距仪及其使用方法

1. 仪器结构

光电测距仪通过连接器安装在经纬仪上部，经纬仪可以是普通光学经纬仪，也可以是电子经纬仪。利用光轴调节螺旋，可使主机的发射和接收器光轴与经纬仪视准轴位于同一竖直面内。另外，测距仪横轴到经纬仪横轴的高度与觇牌中心到反射棱镜高度一致，从而使经纬仪瞄准觇牌中心的视线与测距仪瞄准反射棱镜中心的视线保持平行。配合主机测距的反射棱镜，根据距离远近，可选用单棱镜（1500m 内）或三棱镜（2500m 内）。棱镜安置在三脚架上，根据光学对中器和长水准管进行对中整平。

2. 仪器主要技术指标及功能

短程红外光电测距仪的最大测程为 2500m，测距精度为 $\pm(3\text{mm}+2\times10^{-6}\times D)$（其中 D 为所测距离）；最小读数为 1mm；仪器设有自动光强调节装置，在复杂环境下测量时也可人工调节光强；可输入温度、气压和棱镜常数自动对结果进行改正；可输入竖直角自动计算出水平距离和高差；可通过距离设置进行定线放样；若输入测站坐标和高程，可自动计算观测点的坐标和高程。测距方式有正常测量和跟踪测量。其中正常测量所需时间为 3s，还能显示数次测量的平均值；跟踪测量所需时间为 0.8s 每隔一定时间间隔自动重复测距。

3. 仪器操作与使用

（1）安置仪器。先将经纬仪安置在测站上，对中整平之后再将测距仪主机安装在经纬仪上。再在目标点安置反射棱镜，对中整平之后使镜面朝向主机。

（2）观测垂直角、气温和气压。用经纬仪十字横丝照准觇板中心，测出垂直角 a。同时，观测和记录温度和气压计上的读数。观测垂直角、气温和气压，目的是对测距仪测量出的斜距进行倾斜改正、温度改正和气压改正，以得到正确的水平距离。

（3）测距准备。按电源开关键"PWR"开机，主机自检并显示原设定的温度、气压和棱镜常数值，自检通过后将显示"good"。若修正原设定值，可按"TPC"键后输入温度、气压值或棱镜常数（一般通过"ENT"键和数字键逐个输入）。一般情况下，只要使用同一类的反光镜，棱镜常数不变，而温度、气压每次观测均可能不同．需要重新设定。

（4）距离测量。调节主机照准轴水平调整手轮（或经纬仪水平微动螺旋）和主机俯仰微动螺旋，使测距仪望远镜精确瞄准棱镜中心。在显示"good"状态下，精确瞄准也可根据蜂鸣器声音来判断，信号越强声音越大，上下左右微动测距仪使蜂鸣器的声音最大，便完成了精确瞄准，出现"＊"。精确瞄准后，按"MSR"键。主机将测定并显示经温度、气压和棱镜常数改正后的斜距。在测量中，若光速受挡或大气抖动等测量将暂被中断，此时"＊"消失，待光强正常后继续自动测量；若光束中断 30s，需光强恢复后再按"MSR"键重测。

斜距到平距的改算，一般在现场用测距仪进行，方法是按"V/H"键后输入垂直角值，再按"SHV"键显示水平距离。连续按"SHV"键可依次显示斜距、平距和高差。

3.3.3 光电测距的注意事项

1. 由于天气状况对测量的影响较大，在阴天测量效果最好。

2. 测量路线要尽可能的高于地面 1.3m，且中间不能有过热的物体和大面积水域。

3. 测量路线应避开强电磁场干扰的地方。

4. 镜站的后面不应有反光镜和其他强光源等背景的干扰。

5. 要严防阳光及其他强光直射接收物镜，避免光线经镜头聚焦进入机内而将部分元件烧坏。

3.4 全站仪

全站仪又称全站型电子速测仪，是集光电测距仪、电子经纬仪和微型计算机为一体的现代精密测量仪器。全站仪不仅能快速测量距离、角度和坐标等，还能按其内置程序和格式将测量数据传送给相应的数据采集器，而且现在比较先进的全站仪已能现场对平距、高差、高程、坐标以及放样等数据进行计算。全站仪的自动化程度高功能多精度好，通过配置适当的接口可使野外采集的测量数据直接传输到计算机进行数据处理或进入自动化绘图系统。随着工业的高速发展和测量标准的不断提高，全站仪得到快速的普及。在日常的测量工作中已经因为它功能的集中化代替了光学经纬仪、测距仪等。

3.4.1 全站仪的结构和功能

1. 全站仪结构分类

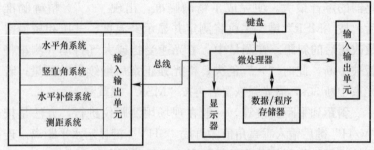

图 3-30　全站仪的结构原理

　　全站仪的种类很多，按结构一般分为分体式和整体式两类。分体式全站仪的照准头和电子经纬仪为两个单独体，进行作业时将照准头安装在电子经纬仪上，作业结束后卸下来分开装箱；整体式全站仪是分体式全站仪的进一步发展，照准头与电子经纬仪的望远镜结合在一起，形成一个整体，使用起来更为方便。

　　全站仪的结构原理如图 3-30 所示分为两部分，左半部分为四大光电测量系统，即水平角、竖直角测量系统，测距系统和水平补偿系统。该部相当于经纬仪和测距仪，能完成水平角、竖直角、距离测量等工作。右半部分是微处理器，主要由中央处理单元（CPU）、存储器、输入/输出设备（I/O）组成，是全站仪进行数据处理的核心部件。微处理器的主要功能是根据键盘指令启动仪器进行测量工作，执行测量过程的检核和数据、处理、显示、储存等工作，保证整个光电测量工作有条不紊地完成。输入输出单元是与外部设备连接的装置（接口）。数据存储器是测量成果的数据库。便于测量人员设计软件系统、处理测量成果。

由于不同厂家生产的全站仪没有统一，除了结构大体相同，内置系统等会存在不小的差距，在测量精度等方面也有不同。但使用原理是相同的。下面我们以日本托普康 GTS-720 型全站仪为例进行全站仪的介绍。

2. 全站仪的结构组成

GTS 系列全站仪的组成见图 3-31。由图可见，其结构与光学经纬仪有很多共同点，但经纬仪上圆柱体状的望远镜由于全站仪要集成红外测距的功能增加了一些单元构件变成了类似长方体的望远镜，显示屏上面一般显示观测数据，底行显示软键的功能，它随测量模式的不同而变化。当气温低于 0℃ 时，可以启动仪器内装的加热器，加热器会自动调节温度，以使显示屏正常工作。

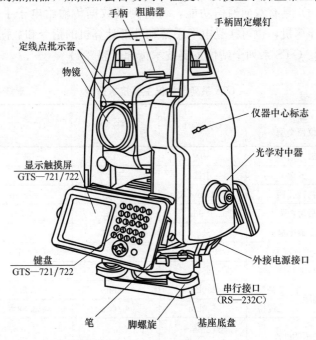

图 3-31　GTS 系列全站仪的组成

GTS 系列全站仪主要的功能特点为：

（1）仪器操作简单，高效，具有现代测量工作所需的所有功能。

（2）快速安置。简单地整平和对中后，仪器一开机后便可工作。仪器具有专门的动态角扫描系统，因此无须初始化。

（3）控制面板由键盘和主、副显示窗组成。除照准以外的各种测量功能和参数均可通过键盘来实现，仪器的两侧均有控制面板，操作方便。

（4）仪器具有大容量的内存，并采用国际计算机通用磁卡。所有测量信息都可以文件形式记入磁卡或电子记录簿。

（5）设有双向倾斜补偿器，可以自动对水平和竖直方向进行修正，以消除竖轴倾斜误差的影响。还可进行折光误差及温度、气压等改正。

（6）具有双向通信功能，可将测量数据传输给电子手簿或外部计算机，也可接受电子手簿和外部计算机的指令和数据。

3. GTS 系列全站仪主要技术指标（表 3-4）

GTS 系列全站仪主要技术指标　　　　表 3-4

项目 仪器类型		GTS-601	GTS-720	GTS-811A
放大倍率		30X	30X	30X
成像		正像	正像	正像
物镜孔径		45mm	45mm	50mm
最短视距		1.3m	1.3m	1.3m
角度最小显示		$1''$	$1''$	$1''$
角度标准差		$\pm1''$	$\pm1''$	$\pm1''$
双轴自动补偿范围		$\pm4''$	$\pm4''$	$\pm4''$
最大测距	单棱镜	3.0km	3.0km	2.2km
	三棱镜	4.0km	4.0km	2.8km
测距标准差		$\pm(2mm+$ $2ppm\times D)$	$\pm(2mm+$ $2ppm\times D)$	$\pm(2mm+$ $2ppm\times D)$

项目 仪器类型		GTS-601	GTS-720	GTS-811A
测距时间		1.2s（精测）	1.2s（精测）	1.2s（精测）
气象修 正范围	气温	−30～+60℃	−30～+60℃	−30～+60℃
	气压	560～1066hPa	560～1066hPa	560～1066hPa
大气折光系数		可选0.14与0.20	可选0.14与0.20	可选0.14与0.20
操作系统		MS-DOS 3.22版本	WinCE. NET版本	MS-DOS 3.22版本
水准 管格值	水准管	30″/12mm	30″/12mm	30″/12mm
	圆水准	10″/2mm	10″/2mm	10″/2mm
使用温度范围		−20～+50℃	−20～+50℃	−20～+50℃

4. GTS系列全站仪显示屏显示键含义（表3-5）

GTS系列全站仪显示屏显示键含义　　　　表3-5

按键	名称	功能
F1～F4	软键	功能参见所显示的信息
ESC	退出键	退回到前一个显示屏或前一个模式
ANG	角度测量键	进入角度测量模式
◢	距离测量键	进入距离测量模式
↳	坐标测量键	进入坐标测量模式
REC	记录键	传输测量的结果

　　显示屏为触控式，用专用笔或手指点击即可。请勿用圆珠笔或铅笔点击，否则，易伤显示屏。

5. GTS系列全站仪显示屏符号含义（表3-6）

GTS系列全站仪显示屏符号含义　　　　表3-6

符号	含义	符号	含义
V	垂直角	VD	垂直距离
坡度	坡度	SD	倾斜距离
HR	水平角（右角）	N	北坐标
HL	水平角（左角）	E	东坐标
HD	水平距离	Z	高程

符号	含义	符号	含义
*	正在测距	R	重复测量
(m)	以米为单位	S	单次测量
(f)	以英尺为单位	N	N次测量
F	精测模式	PPM	气象改正值
C	粗测模式	PSM	棱镜常数
T	跟踪模式		

6. GIS 系列全站仪各按键主要功能表

除了显示屏上的虚拟按键，GTS 系列全站仪还设有实体键。各键的主要功能见表 3-7。

GTS 系列全站仪各按键主要功能表   表 3-7

按键	名称	功能
0~9	数字键	输入数字
A~Z	字母键	输入字母
ESC	退出键	退回到前一个显示屏或前一个模式
★	星键	用于若干仪器常用功能的操作
ENT	回车键	数据输入结束并认可时按此键
Tab	Tab 键	光标右移，或下一个字段
Shift	Shift 键	与计算机 Shift 键功能相同
B. S.	后退键	输入数字或字母时，光标向左删除一位
Ctrl	Ctrl 键	同计算机 Ctrl 键功能
Alt	Alt 键	同计算机 Alt 键功能
Func	功能键	执行由软件定义的具体功能
α	字母切换键	切换到字母输入模式
方向键	光标键	上下左右移动光标
POWER	电源键	控制电源的开/关（位于仪器架侧面上）
S. P.	空格键	输入空格
O	输入面板键	显示软输入面板

7. 仪器主要技术参数

由于全站仪型号的不同，测量过程中测量的精度标准也不同。表 3-8 是一些现在工程中使用比较多的全站仪技术指标。

工程中常用全站仪型号及主要技术指标　　　表 3-8

型号	厂家	光源	测程（km）		测角精度	测距精度
			单棱镜	三棱镜		
GTS-720	日本拓普康	红外	3.0/3.5	4.0/4.2	$\pm 2.0''$	$\pm(2\text{mm}+2D\times10^{-6})$
GPT-2005	日本拓普康	红外	3.0/3.5	4.5/4.0	$\pm 5.0''$	$\pm(3\text{mm}+2D\times10^{-6})$
GTS-335W	日本拓普康	红外	3.0/3.2	4.0/4.2	$\pm 5.0''$	$\pm(2\text{mm}+2D\times10^{-6})$
DTM-352C	日本尼康	红外	2.0/2.3	2.6/3.O	$\pm 2.0''$	$\pm(2\text{mm}+2D\times10^{-6})$
DTM-352L	日本尼康	红外	2.0/2.3	2.6/3.0	$\pm 2.0''$	$\pm(2\text{mm}+2D\times10^{-6})$
DTM-720	日本尼康	红外	1.6/2.0	2.3/2.8	$\pm 4.0''$	$\pm(3\text{mm}+2D\times10^{-6})$
SET2CⅡ	日本索佳	红外	2.4/2.7	3.1/3.5	$\pm 2.0''$	$\pm(3\text{mm}+2D\times10^{-6})$
SET3CⅡ	日本索佳	红外	2.2/2.5	2.9/3.3	$\pm 3.0''$	$\pm(3\text{mm}+2D\times10^{-6})$
SET4CⅡ	日本索佳	红外	1.2/1.5	1.7/2.1	$\pm 5.0''$	$\pm(5\text{mm}+2D\times10^{-6})$
TC2002	瑞士莱卡	红外	2.0/2.5	2.8/3.5	$\pm 0.5''$	$\pm(1\text{mm}+2D\times10^{-6})$
TC1610	瑞士莱卡	红外	2.5/3.5	3.5/5.0	$\pm 1.5''$	$\pm(2\text{mm}+2D\times10^{-6})$
TC1010	瑞士莱卡	红外	2.0/2.5	2.8/3.5	$\pm 3.0''$	$\pm(3\text{mm}+2D\times10^{-6})$
TC500	瑞士莱卡	红外	0.7/0.9	1.1/1.3	$\pm 6.0''$	$\pm(5\text{mm}+2D\times10^{-6})$
TC-322N	日本宾得	红外	3.4/4.5	4.5/5.6	$\pm 2.0''$	$\pm(2\text{mm}+2D\times10^{-6})$
R-325	日本宾得	红外	3.0/4.0	4.0/5.0	$\pm 5.0''$	$\pm(5\text{mm}+2D\times10^{-6})$

3.4.2　全站仪的使用

1. 使用前的准备工作

全站仪在测量前首先要检查内部电池是否有充足的电量。如显示电量不足，则应该及时充电。充电时由于仪器厂家设计的不同充电器的电源输入与输出也会有不同，应使用仪器箱内自带的充电器为电池充电，避免对电池造成不必要的损失。当测量完成时，应及时取出电池。

仪器的安置与经纬仪原理相同，具体操作如下：

（1）将三脚架置于测站点上，使高度合适，架头大致水平，三条脚架腿距测站点距离应大致相等成一个等腰三角形，然后踩实脚架。

（2）将仪器安置在三脚架上并拧紧固定螺旋。调整光学对中器的目镜，使分划板十字丝看得清楚，然后转动调焦环看清测站点。

（3）调整脚螺旋，使光学对中器的十字丝交点对准测站点。并调整三脚架的伸缩螺旋，使圆水准气泡居中。

（4）与经纬仪一样严格整平仪器，观察光学对中器的十字丝交点是否仍对准测站点。如重合则可继续接下来的测量工作，不重合应反复对中整平工作至重合为止。

2. 角度测量

对中整平工作完成后，即可单击桌面上"Standard Meas（标准测量）"图标（如图3-32所示），进入标准测量模式。标准测量模式可分为角度测量模式、距离测量模式、坐标测量模式三种。

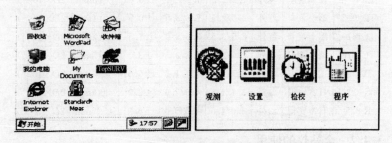

图 3-32　GTS全站仪开机画面与标准测量页面示意图

GTS系列全站仪水平角和竖直角测量：

1）照准第一个目标 A。

2）按［Fl］（置零）键和【是】键设置目标 A 的水平角读数为：$0°00'00''$。

3）照准目标 B，此时仪器显示目标 B 的水平角和垂直角。

上述为全站仪水平角右角的测量方法，如待测角为左角。则需要按【F4】（Pl）键，进入第2页功能。然后按［F3］（R/L）键，将水平角测量右角（HR）模式转换成左角（HL）模式。这时即可测量左角，左角观测步骤与右角观测相同。

表3-9 为GTS全站仪系列功能键表。

模式	页	显示	软键	功能
角度测量模式	1	置零	Fl	水平角置零
		锁定	F2	水平角锁定
		置盘	F3	预置水平角
		Pl↓	F4	下一页（P2）
	2	补偿	Fl	设置倾斜改正功能开关（ON/OFF）
		坡度	F2	垂直角/百分度的变换
		R/L	F3	水平角右角/左角变换
		P2↓	F4	下一页（Pl）
距离测量模式	1	测量	Fl	启动斜距测量
		模式	F2	设置精测，粗测/跟踪模式
		音响	F3	设置音响模式
		Pl	F4	下一页（P2）
	2	放样	Fl	放样测量模式
		—	F2	放样测量模式
		—	F3	设置 N 次测量的次数
		P2↓	F4	下一页（Pl）
坐标测量模式	1	测量	F1	启动坐标测量
		模式	F2	设置精测/粗测/跟踪模式
		音响	F3	设置音响模式
		P1	F4	下一页（P2）
	2	镜高	Fl	输入棱镜高
		仪高	F2	输入仪器高
		测站	F3	设置仪器测站坐标
		P2↓	F4	下一页（P1）

注意：每按一次〔F3〕（R/L）键，右角/左角便依次切换。

水平度盘读数的设置：

1）利用锁定水平角法设置

角度测量模式下按【F2】（锁定）键，然后照准用于定向的目标点，此时要返回到先前的模式，可按【ESC】键，再按【是】键，完成本设置，显示返回到正常的角度测量模式。

2）利用数字键设置

照准用于定向的目标点后按【F3】（置盘）键；输入所需的水平度盘的读数，按【设置】键即可。若输入有误，可按【B.S.】（左移）键移动光标，或按【退出】键重新操作。

3. 距离的测量

GTS 系列全站仪的距离测量可以选择三种模式，分别为跟踪测量、精测和粗测。其中跟踪测量测距时间最快精度最低，精测测距时间最久精度最高。

测距的具体操作方法为，在安置好仪器的情况下照准棱镜的中心。然后按【F2】（模式），显示为当前模式的第一个英文字母（F 表示精测模式、C 表示粗测模式、T 表示跟踪模式）。

4. 参数设置

在实际测量中一些外界因素会影响成果的精确性，如温度、气压等。因此在测量前我们需要参照温度和气压进行改正，这个改正值我们称为气象改正值。

我们知道光在空气中的传播速度并不固定，它会随温度和压力的变化发生改变。当温度为 15℃，气压为 1013.25hPa 标准值时，仪器默认的气象改正值为 0。气象改正值即使仪器关闭也会保存在仪器中。

气象改正值的计算公式为：

$$K_a = \left(279.67 - \frac{79.535 \times P}{273.15 + t}\right) \times 10^{-6}$$

由此式可得改正后距离 L（m）为：

$$L = l \times (1 + K_a)$$

式中　K_a——气象改正值；

　　　P——周围大气压力（hPa）；

　　　T——周围大气温度（℃）；

　　　l——未加气象改正的距离观测值。

气象改正值的设置：

仪器的气象改正值设置一般直接设置温度和气压值即可。

① 测定仪器周围的温度和气压值。

② 全站仪开机状态下，按【★】键。

③ 按【PPM】直接测定。

测定时的数据范围要求：

温度为－30～＋60℃（步长 0.1℃）

气压为 420.0～800.0mmHg（步长 0.1mmHg）

560.0～1066.0hPa（步长 0.1hPa）

16.5～31.5inHg（步长 0.1inHg）

如果根据输入的温度和气压计算求得的气象改正值超出了±999.9ppm 的范围，则操作过程自动返回到重新输入数据状态。

5. 棱镜常数的设置

棱镜常数的改正应该以配套棱镜的棱镜常数进行相应的修改。

6. 距离测量

距离测量首先应确认在角度测量模式下。以水平距离测量为例按下列操作步骤操作。

1）用望远镜内十字丝瞄准棱镜中心。

2）按 ▰ 键，进行距离的测量。

3）测量结果显示时会伴有蜂鸣声。如测量结果受到环境因素的影响等，则会自动反复观测。

其中，显示在第四行右面的字母分别代表：

F——精测模式

C——粗测模式

T——跟踪模式

R——连续（重复）测量模式

S——单次测量模式

N——N 次测量模式

在日常的观测中还会遇到特殊情况，便需要对仪器的其他参数进行一定的调整。以下为距离测量时的一些要使用的参数。

输入值参数设置见表 3-10。

输入值参数设置选项表　　　　　表 3-10

菜单	可选项目	内容
距离测量 次数设置	0～99	设置距离测量的次数，当设为 0 或 1 时，为单次 测量
EDM 关闭 时间设置	0～99	设置当测距完成后，EDM 关闭的时间 0：测距完成后 EDM 立即关闭 1～98：测距完成后，EDM 延长 1～98min 关闭 99：EDM 不关闭

单位参数设置见表 3-11。

单位参数设置选项表　　　　　表 3-11

菜单	可选项目	内容
温度（TEMP）	℃/℉	选择气象改正中的温度单位
气压（PRESS）	hpa/mmHg/inHg/	选择气象改正中的气压单位
角度	度（deg）/哥恩 （gon）/密位（mil）	选择角度的单位，分别为度（360°制）、 哥恩（400°制）或密位（6400mil 制）
距离（DIST）	米（m）/英尺（ft）	选择距离的单位：米或英尺
英尺类型	美制（US）/国际 （International）	选择米厂英尺的转换因子 美制英尺：1m＝3.280 833 333 333 333 ft 国际英尺：1m＝3.280 839 895 013 123 ft

观测参数设置选项见表 3-12。

观测参数设置选项表　　　　　表 3-12

菜单	可选项目	内容
最小角度读数	正常/最小	选择最小角度读数
粗测读数	10mm/1mm	选择粗测距离的最小读数（10mm/1mm）
精测读数	10mm/1mm	选择精测距离的最小读数（1mm/0.2mm）
倾斜补偿	关/X-开/XY-开	选择倾斜传感器补偿模式
三轴补偿	关/开	设置照准误差改正的开或关
开机模式	角度/距离	设置开机后的测量模式
距离模式	精测/粗测/TRK	选择开机后测距的模式

菜单	可选项目	内容
距离显示	HD/VD；SD	选择开机后距离的显示模式
V 角 ZD/HD	天顶距/水平	选择垂直角读数零位为天顶方向或水平方向
距离测量次数	重复/N 次数	选择开机后距离测量次数
NEH/ENH	NEH/ENH	选择坐标的显示格式
两差改正	关 0.14/0.20	设置大气折光和地球曲率改正
记录类型	REC-A/REC-B	设置数据记录的类型 REC-A：重新开始观测并将新的观测值输出 REC-B：输出当前显示的观测值
NEH 记录格式	标准/带原始数据	设置坐标记录的格式
蜂鸣声	开/关	设置蜂鸣声为开/关

通信参数设置见表 3-13。

通信参数设置选项表　　　　　　　　　　表 3-13

菜单	可选项目	内容
波特率	1200/2400/4800/9600/19200	选择波特率
数据长度	7 位/8 位	选择数据长度，7 位或 8 位
检验位	无/偶/奇	选择奇偶检验位
停止位	1 位/2 位	选择停止位
CR、LF	关/开	设置采用计算机采集测量数据时是否以回车和换行作为终止符
ACK 模式	关/开	设置仪器与外部设备进行数据通信时的握手协议中外部设备是否可省略控制数据继续发送的控制字符［ACK］ 关：可省去［ACK］，开：不可省去［ACK］（标准协议）

7. 坐标测量

GTS 系列全站仪可以直接测算出测点的三维坐标 N、E 和 Z 坐标。其工作原理是在已知测站点和后视点的情况下利用两点定出一个坐标系，然后测量未知点在坐标系中与测站点的角度、距离和高程。经过计算即可得出未知点的坐标。

测量坐标的具体操作方法为：

（1）设置测站点坐标

确认在角度测量模式下，可按下述步骤进行操作。

1）按【∠】键。

2）按【F4】（P1）键，进入第 2 页。

3）按【F3】（测站）键，显示以前的测站坐标。

4）按【N】，输入 N 坐标，单击【设置】。

5）按【E】，输入 E 坐标，单击【设置】。

6）按【H】，输入 H 坐标（高程），单击【设置】，即完成测站点坐标的设置。

（2）仪器高和目标高的输入

仪器高是指仪器的横轴至测站点的垂直高度，目标高是指棱镜中心至测点的垂直距离，两者均需用钢尺量得。

在角度测量模式下，以输入仪器高为例介绍操作步骤。

1）按【∠】键。

2）按【F4】（P1）键，进入第 2 页。

3）按【F2】（仪高）键，显示以前的仪器高。

4）单击【输入】，输入仪器高，再单击【设置】，即完成仪器高的设置。

（3）坐标测量的操作

进行坐标测量时，通过输入测站点坐标、仪器高和棱镜高，即可直接测定点的坐标。

确认当前处于角度测量模式下，可按下述步骤完成全部操作过程。

1）瞄准已知后视点，设置其坐标方位角。

2）照准目标点的棱镜。

3）按【∠】键，开始坐标测量。

第4章 测量误差与数据处理

4.1 测量误差的概述

4.1.1 测量误差的定义

自然界任何客观事物或现象都具有不确定性。在实际的测量工作中人们发现,在测量工作中无论测量仪器设备多么精密,无论测量条件多么好。当对某个确定的量进行多次观测时,所得到的各个结果之间往往存在一些差异,这些差异是测量工作中经常而又普遍发生的现象,实质上表现为每次测量所得的观测值与该量的真值之间的差值,称为测量误差或观测误差,即真误差,简称误差。

4.1.2 测量成果的分类

1. 直接观测和间接观测

为确定某未知量而直接进行的观测,即被观测量就是所求未知量本身,称为直接观测,相应的观测值称为直接观测值。通过被观测量与未知量的函数关系来确定未知量的观测称为间接观测,相应的观测值称为间接观测值。例如,为了确定两点间的距离,用钢尺直接丈量的距离属于直接观测值;而用视距测量的方法求出的水平距离及高差则属于间接观测值,因为水平距离及高差是由其他观测量通过一定的计算公式计算得到的。

2. 等精度观测和不等精度观测

构成测量工作的要素包括观测者、观测仪器和外界条件,通常将观测者、观测仪器和外界条件统称为观测条件。在相同的观测条件下,即同一个人使用相同的仪器、设备,使用相同的方法在相同的外界条件下进行观测,这种观测称为等精度观测,相应的观测值称为等精度观测值。否则,称为不等精度观测,相应的观测值称为不等精度观测值。

3. 独立观测和非独立观测

各观测量之间无任何依存关系，是相互独立的观测，称为独立观测，相应的观测值称为独立观测值。若各观测量之间存在一定的几何或物理约束关系，则称为非独立观测，相应的观测值称为非独立观测值。如对某一单个未知量进行重复观测，各次观测是独立的，属于独立观测，各观测值属于独立观测值。

4.1.3 测量误差的来源

1. 观测误差

由于观测者的感觉器官的鉴别能力存在一定的局限性，所以在安置仪器、照准目标、读数等方面都会产生误差。另外，观测者测量时的工作态度与观测者对测量工作熟练度的掌握情况都会对测量成果的质量有直接影响。

2. 仪器误差

在测量工作中所使用的仪器每种测量仪器都有一定的精确度，使观测结果受到一定的限制。日常的使用时仪器因搬运、磕碰等原因会存在误差，还有仪器本身在设计、制造、安装、校正等方面也存在一定的误差，观测时必然受到影响，测量结果中就不可避免地存在相应的误差。

3. 外界环境影响

测量工作时所处的外界环境都会对观测结果产生一定的影响，例如，温度、湿度、风力、大气折光、气压、太阳光线照射角度等，都会对观测结果产生一定的影响。

上述三方面因素是引起测量误差的主要来源，概括地说就是测量观测条件。观测条件的好坏，会直接影响观测成果的质量。通常称在相同观测条件下的观测为等精度观测；反之，为不等精度观测。

4.2 随机误差

4.2.1 随机误差的定义

在相同的观测条件下，对某一目标进行观测，若误差的数值和符号均表现出偶然性，表面上没有规律，这种误差称为随机误差，也称偶然误差。例如，大气折光使望远镜的成像不稳定，导致观测目标时有时偏左，有时偏右；在观测读数的时候对秒的估读有时估读偏大有时偏小。总之，偶然误差是不受人力所控制的一些因素造成的。其数值的正负、大小纯属偶然，且不可避免。

4.2.2 随机误差的特性

从单个的随机误差来看，其符号与数值的大小无任何规律性，但从整体上对偶然误差加以归纳统计，则显示一定的统计规律，并且是服从正态分布的随机变量。而且参加统计的观测次数越多，其规律就越明显。

这种规律可根据概率原理，用统计学的方法来研究。

例如，在某一测区，在相同的观测条件下共观测了 360 个三角形的全部内角，测得每个三角形内角和真值。由于观测值带有随机误差，所以计算每个三角形内角和偶然误差 Δi，将它们分为正误差、负误差，并按绝对值大小排列次序。以误差区间 $2''$ 进行误差个数的统计，偶然误差的统计如表 4-1 所示。

偶然误差的统计　　　　　　表 4-1

误差区间（″）	负误差个数	正误差个数	总和
0～2	43	42	85
2～4	42	41	83
4～6	35	38	73
6～8	21	21	42
8～10	17	19	36
10～12	11	10	21
12～14	7	8	15
14～16	3	2	5
16 以上	0	0	0
Σ	179	181	360

从表 4-1 的统计数字中，可以总结出偶然误差具有以下

特性：

（1）有限性。在一定的观测条件下，偶然误差的绝对值不会超过一定的界限。

（2）聚中性。绝对值小的误差出现的比较多，绝对值大的误差出现的比较少。

（3）对称性。绝对值相等的正误差与负误差出现的概率大致相同。

（4）抵消性。偶然误差的平均值，随着观测次数的无限增加而趋近于零。即

$$\lim_{n\to\infty}\frac{[\Delta]}{n}=0$$

式中，$[\Delta]=\Delta_1+\Delta_2+\cdots+\Delta_n$；$n$ 为 Δ 的个数。

为了更直观地表示偶然误差的正、负及大小的分布情况，根据 360 个三角形闭合差作出图 4-1。

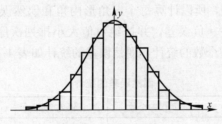

图 4-1　频率直方图

图 4-1 中以偶然误差的大小为横坐标，以误差出现于各区间的频率除以区间为纵坐标，每一个误差区间上的长方条面积代表误差出现在该区间内的频率。

当误差个数无限多时，同时又无限缩小误差区间。则图 4-1 中的各小长方形的顶边折线就成为一条光滑的曲线，该曲线称为误差分布曲线，又称正态分布曲线，它表示随机误差出现的概率。从图 4-1 误差分布图中明显可以看出误差区间绝对值越小，曲线的峰值越高，说明绝对值小的误差出现的多，绝对值大的误差少，即误差分布越密集，反映测量成果质量较好；反

之，则较差。

随机误差的四个特性具有普遍性，对误差理论的研究和测量实践有着重要的指导意义。

4.2.3 随机误差的处理方法

在测量工作中我们不可避免地会有随机误差，所采取的方法有：

1. 多余观测，为了避免错误的发生提高测量成果的质量，在测量工作中，一般我们要进行多余必要观测的测量工作，我们称为多余观测。例如，在测量距离时的往返测，其中的反测就是多余测量。在测角度时，我们会同一个角度观测多个测回，这也是多余观测。采用多余观测我们可以提高测量的质量，尽量避免观测中的误差。

2. 多次观测，当对某仪目标进行足够多的观测次数时，其正、负误差号可以相互抵消。因此，可以采用多次观测，采取测量成果的算术平均值作为最后的结果。

在测量工作中，由于观测值中的随机误差不可避免，因此多次观测和多余观测成果必然产生误差。根据差值的大小，我们可以判断测量成果的质量。差值如果大于标准值，则认为观测值中有错误，称为误差超限应重测。差值若小于标准值，则按偶然误差来处理，称为闭合差分配，以求得最可靠的成果。

4.2.4 成果的算术平均值与改正值

1. 算术平均值

对某未知量进行 n 次等精度观测，其观测值分别为 l_1，l_2，$\cdots$ l_n，将这些观测取算数平均值 x 作为该未知量的最可靠的数值，称为"最或是值"，即：

$$x = \frac{l_1 + l_2 + \cdots + l_n}{n} = \frac{[l]}{n}$$

下面以偶然误差的特性来探讨算术平均值 x 作为某量的最或是值的合理性和可靠性。

设某量的真值为 X，各观测值为 l_1，l_2，$\cdots$，l_n，其相应的

真误差为 Δ_1，Δ_2，$\cdots$，Δ_n，则：

$$\Delta_1 = X - l_1$$
$$\Delta_2 = X - l_2$$
$$\vdots$$
$$\Delta_n = X - l_n$$

将等式两端分别相加并除以 n，得

$$\frac{[\Delta]}{n} = X - \frac{[l]}{n} = X - x$$

根据偶然误差的抵偿性，当观测次数 $n \to \infty$ 时，$\dfrac{[\Delta]}{n}$ 就会趋近于零，即

$$\lim_{n \to \infty} \frac{[\Delta]}{n} = 0$$

由此看出，当观测次数无限增大时，观测值的算术平均值 x 趋近于该量的真值 X。但在实际工作中不可能进行无限次的观测，这样，算术平均值就不等于真值，因此，把有限个观测值的算术平均值作为该量的最或是值。

为简便起见，用以下方法计算，观测值与近似值之差为：

$$\Delta l_i = l_i - l_0 \quad (i = 1, 2, \cdots, n)$$

得：

$$[\Delta l] = [l] - n l_0$$

简化得：

$$x = l_0 + \frac{[\Delta l]}{n}$$

2. 观测值改正

算术平均值与观测值之差称为观测值得改正值，以 γ 表示，即：

$$\nu_i = x - l_i$$

将等式两端分别相加，得：

$$[\nu] = nx - [l]$$

将公式 $x = \dfrac{l_1 + l_2 + \cdots + l_n}{n} = \dfrac{[l]}{n}$ 代入上式，得：

$$[\nu] = 0$$

因此一组等精度观测值的改正值之和恒等于零。

4.3 系统误差

4.3.1 系统误差

在相同的观测条件下对某量进行一系列的观测，如果误差出现符号和大小相同或按一定的规律变化，这种误差称为系统误差。产生系统误差的主要原因是由于仪器的构造或校正不完善，外界条件的影响以及观测者的鉴别能力而引起的。如角度测量时经纬仪的视准轴不垂直于横轴而产生的视准轴误差。例如，一把标刻为 20m 的尺实际长度为 20.003m，则每丈量一尺就有 0.003m 误差，而使观测结果带有误差等都属于系统误差。

系统误差随着观测次数的增多而积累。为了提高观测成果的准确度，在实际工作时必须设法采用一定的测量方法加以消弱或消除。通常采用的方法有：检校仪器；在观测结果中加入改正数；采用合理的观测方法，如测水平角时采用盘左、盘右观测。

4.3.2 系统误差的特性

(1) 累积性：误差的绝对值随观测值的大小成比例累积。

(2) 单向性：误差符号不变，总是朝一个方向偏移。

(3) 同一性：误差的绝对值保持恒定或有一定规律。

4.3.3 系统误差的处理方法

由于系统误差对测量成果的影响较大，且具有累积性，所以应尽可能消除或者减小误差。常见的误差处理方法有以下这几点：

(1) 加改正系数，在测量值成果处理时加入系统误差改正数，如角度改正。

(2) 校检仪器，用调整仪器使其降低指标差，来减小系统误差。

(3) 采用适当的观测方法，使系统误差相互抵消或者减弱。

例如，观测角度时用盘左盘右观测。

4.4 粗大误差

4.4.1 粗大误差的概念与对测量数据的影响

粗大误差是指在一定测量条件下，明显超出统计规律预期值的误差。一般地，给定一个显著的水平，按一定条件分布确定一个临界值，凡是超出临界值范围的值就是粗大误差。

1. 可疑数据

在一列重复测量数据中，有个别数据与其他数据有明显差异，他可能是含有粗大误差（简称粗差）的数据，也可能是正常的大误差数据。

2. 异常值

确定混有粗大误差的数据。异常值（粗大误差）是测量过程中操作者的偶然失误或环境的突发干扰造成的。含有粗大误差的测量数据，相对于正常数据来说相差较大。对已确知是在受到外界不正常干扰下测得的数据，或经检查是错读、错记的数据，则应舍弃。但不能在不知原因的情况下不加分析就轻易舍弃测量列中最大或最小的数据，这样可能造成错觉，会对余下数据的精度作出过高的估计。因此就有一个确立判别异常值（粗大误差）界限的问题。

可疑数据中不恰当地剔除含大误差的正常数据，会造成测量重复性偏好的假象而未加剔除，又必然会造成测量重复性偏低的后果。所以判别和剔除异常值，不可凭主观臆断，轻易地剔除主观认定为反常的数据，从而人为地使测得数据一致起来，是不对的；但不敢舍弃任一个测得数据，一概当作是正常信息，也是不对的。原则上异常值的界限应以随机误差的实际分布范围作为依据，即超出该范围的误差，可被视为异常值而予以剔除。

4.4.2 产生粗大误差的原因

1. 测量人员的主观原因

测量者工作责任性不强，工作过于疲劳，对仪器熟悉与掌握程度不够等原因，引起操作不当，或在测量过程中不小心、不耐心、不仔细等，从而造成错误的读数或错误的记录。

2. 客观外界条件的原因

机械冲击、外界振动、电网供电电压突变、电磁干扰等测量条件意外地改变，引起仪器示值或被测对象位置的改变而产生粗大误差。

3. 测量仪器内部的突然故障

若不能确定粗大误差是由上述两个原因产生时，其原因可认为是测量仪器内部的突然故障。

4.4.3 粗大误差的危害以及消除方法

（1）测量前，排除粗大误差的物理源，避免可能造成环境严重干扰的情形工作。例如，快下班时间，周围正在施工；

（2）测量中，采用防止可能造成粗大误差的措施，对操作人员严格要求；如检查精神状态与疲劳程度如果不佳，应停止其操作，不是靠增加重复测量次数能解决问题的；

（3）测量后，对采集的测量数据进行适当处理，剔除含粗大误差的数据；或采用稳健的数据处理方法。

4.4.4 处理粗大误差的原则

1. 直观判断，及时剔除

通过对可疑数据的分析，确认是由于错读、错记、错误操作、测量条件突发变化、数据处理或计算差错而得到的测量值，可以随时将该次测量得到的结果从测量记录中剔除。但是，必须注明剔除原因。这种剔除方法称为物理判别法，也称直观判别法。

2. 补充测量次数

如果在测量过程中不能用直观判别法充分肯定可疑值为异常值时，可以在相同的重复测量条件下补充适当的测量数据。根据随机误差的对称性，补充测量数据很可能出现与上述结果绝对值相近而符号相反的另一测量值，这时它们对测量结果的影响将可能彼此抵消。

3. 用统计方法进行判别

在测量完成后，还不能确定测量可疑值是否为异常值时，可以用统计方法对可疑值进行判别和确定。

4. 保留不剔

统计方法还不能充分肯定可疑值为异常值时，建议保留可疑数据，以确保评定的可靠性。

4.4.5 判别粗大误差应注意的问题

1. 合理选择判别准则

可根据测量准确度要求和测量次数选择判别准则。

2. 准确找出可疑测量值

测量列中残差绝对值最大者即可为可疑值。它是测量列中最大测得值或最小测得值之一，仅比较这两个残差的大小即可确定。

3. 全部测量数据的否定

若在有限次数测量列中出现两个以上异常值时，通常可以认为整个测量结果是在不正常的条件下得到的。对此应采取措施完善测量方法，重新进行测量。

4. 查找产生异常值的原因

由判别准则确定为异常值的可疑数据，不能简单剔除了事，还要仔细分析，找出产生异常值的原因，作出正确的判断。

4.4.6 剔除可疑数据

1. 由测量数据计算统计量；

2. 计算出的统计量与误差界限比较，若超出界限，将其对应值剔除；

3. 对剩余的数据重新计算，重复上述步骤进行判断；

4. 根据测量数据的可靠性要求，选择置信概率；

5. 根据选择的准则和置信概率差相应的数表，确定粗大误差的界限；

6. 根据测量次数 n 选择判别准则。

4.5　函数误差

在实际工作中，某些未知量不能直接进行观测，而需要由直接观测量根据一定的函数关系计算出来。这使观测值的误差必然使得其函数受到影响而产生误差，这种误差就是函数误差。

4.5.1　和或差函数

设有和差函数：$\qquad y = x_1 \pm x_2$

式中，x_1，x_2 为独立观测值，其中误差分别为 m_1 和 m_2，函数 y 的中误差为 m_y。

设真误差分别为 Δ_1 和 Δ_2，由上式可得

$$\Delta_y = \Delta_1 \pm \Delta_2$$

若对 x_1、x_2 均观测了 n 次，则可写出 n 个真误差的关系式

$$\Delta_{yi} = \Delta_{1i} \pm \Delta_{2i}(i = 1, 2, \cdots, n)$$

将各等式两端平方后相加并除以 n，得

$$\frac{[\Delta_y^2]}{n} = \frac{[\Delta_1^2]}{n} + \frac{[\Delta_2^2]}{n} \pm 2\frac{[\Delta_1\Delta_2]}{n}$$

根据偶然误差的特性，当 n 增大时，上式中最后一项将趋近于零，则上式可写成

$$\frac{[\Delta_y^2]}{n} = \frac{[\Delta_1^2]}{n} + \frac{[\Delta_2^2]}{n}$$

根据中误差定义，可得：

$$m_y^2 = m_1^2 + m_2^2$$

当和差函数为

$$y = x_1 \pm x_2 \pm \cdots \pm x_n$$

设 x_1，x_2，$\cdots$，x_n 的中误差分别为 m_1，m_2，$\cdots$，m_n 时，则

$$m_y^2 = m_1^2 + m_2^2 + \cdots m_n^2$$

即观测值和差函数中误差的平方和。

4.5.2　倍数函数

设有倍数函数 $\qquad y = KX$

式中　K——常数；

X——直接观测值，其中误差为 m_x，函数 y 的中误差为 m_y。

设 x 和 y 的真误差分别为 Δ_x 和 Δ_y，由上式可知它们之间的关系为：

$$\Delta_y = K\Delta_x$$

若对 x 观测了 n 次，则可以写出 n 个真误差的关系式

$$\Delta_{yi} = K\Delta_{xi}(i = 1,2,\cdots,n)$$

将各等式两端平方后相加并除以 n 得

$$\frac{[\Delta_y^2]}{n} = K^2\frac{[\Delta_x^2]}{n}$$

根据中误差定义，可得

$$m_y = \pm Km_x$$

即观测值倍数函数的中误差等于倍数与观测值中误差的乘积。

4.5.3　一般线性函数

设有线性函数

$$y = K_1x_1 + K_2x_2 + \cdots + K_nx_n$$

式中，x_1，x_2，$\cdots$，x_n 为独立观测值，其中误差分别为 m_1，m_2，$\cdots$，m_n；K_1，K_2，$\cdots K_n$ 为常数。

函数 y 的中误差为 m_y。

按推导式 $m_y^2 = m_1^2 + m_2^2$ 和 $m_y = \pm Km_x$ 的相同方法可得

$$m_y^2 = K_1^2m_1^2 + K_2^2m_2^2 + \cdots + K_n^2m_n^2$$

即线性函数中误差的平方等于各常数与相应观测值中误差乘积的平方和。

4.5.4　一般函数

设有一般函数

$$y = f(x_1,x_2,\cdots,x_n)$$

式中，x_1，x_2，$\cdots$，x_n 为独立观测值，其中误差分别为 m_1，m_2，$\cdots$，m_n。

函数 y 的中误差为 m_y。

当 x_i 具有真误差 Δ_i 时，函数 y 则产生相应的真误差 Δ_y。对于多个变量的函数进行全微分，得

$$dy = \left(\frac{\partial f}{\partial x_1}\right)dx_1 + \left(\frac{\partial f}{\partial x_2}\right)dx_2 + \cdots + \left(\frac{\partial f}{\partial x_n}\right)dx_n$$

因为测量中真误差是一微小量，故可用真误差代替上式中的微分量，得

$$dy = \left(\frac{\partial f}{\partial x_1}\right)\Delta_1 + \left(\frac{\partial f}{\partial x_2}\right)\Delta_2 + \cdots + \left(\frac{\partial f}{\partial x_n}\right)\Delta_n$$

式中，$\dfrac{\partial f}{\partial x_i}$ 是函数 y 对 x_i 取的偏导数。当函数关系与观测值确定后，上式则成了线性函数，可得

$$m_y^2 = \left(\frac{\partial f}{\partial x_1}\right)^2 m_1^2 + \left(\frac{\partial f}{\partial x_2}\right)^2 m_2^2 + \cdots + \left(\frac{\partial f}{\partial x_n}\right)^2 m_n^2$$

即一般函数中误差的平方等于该函数对每个观测值取偏导数与相应观测值中误差乘积的平方和。

第5章 测量控制

5.1 建筑物放样的程序和要求

5.1.1 建筑物放样的程序

放样，又称为测设，它是按照设计和施工的要求，将设计好的建筑物位置、形状、大小及高程，按照一定的精度要求在地面标定出来，以便进行施工。实质是将图纸上建筑物的一些轮廓点（特征点）标定于实地上，其工作目的与一般测图工作相反，是由图纸到地面的过程。

通常，建筑物的设计思路是：首先作出建筑物的总体布置，确定各建筑物位置间的相互关系（也就是各建筑物轴线间的相互关系），然后围绕主要轴线设计各辅助轴线，再根据辅助轴线设计各项细部的位置、形状、尺寸等。

因此，工程建筑物放样工作的程序，应该与设计时的情况一样，遵循从整体到局部的原则，即首先在现场定出建筑物的轴线，然后再定出建筑物的各个部分。采取这样一种放样程序，可以免除因建筑物众多而引起的放样工作的紊乱，并且能严格保持各放样元素之间存在的几何关系。例如放样工业建筑物，则首先放样出厂房主轴线，再确定机械设备轴线，然后根据机械设备轴线，确定机械设备安装的位置。又如放样民用建筑物，则首先放样建筑物外廓轴线，再确定建筑物内部各条轴线，然后根据建筑物内部各轴线确定房间的形状、尺寸等。

在放样前我们要做一下的准备工作：

1. 测量资料收集与放样方案制定

（1）在放样前，应获取正确的施工区已有的平面和高程控制成果资料。

（2）根据已有的控制点资料，对现场控制点标志是否稳定完好等情况进行分析，确定是否要对控制点进行检测。

（3）如果已有控制点无法满足精度要求应重新布设控制点，当已有的控制点密度不能满足放样需要时应根据现有的控制点进行加密。

（4）不得凭口头通知和未经批准的图纸放样。必须按正式设计图纸、文件、修改通知进行测量放样。

（5）根据规范规定和设计的精度要求并结合人员及仪器设备情况制定测量放样方案。其内容应包括：控制点的检测与加密、放样依据、放样方法及精度估算、放样程序、人员及设备配置等。

2. 放样前准备

（1）阅读设计图纸，校算控制点数据和标注尺寸，记录审图结果。

（2）选定测量放样方法并计算放样数据或编写测量放样计算程序、绘制放样草图并由第二者独立校核。

（3）准备仪器和工具，使用的仪器必须在有效的检定周期内。

5.1.2 建筑物放样的要求

工程建筑物主要轴线放样要求，应根据建筑物的性质、它与已有建筑物的关系及建筑区的地形（主要决定工程量的大小）和地质（主要决定建筑物的稳定）情况来决定。例如扩建的建筑场地上的建筑物的主轴线，要考虑与现有建筑物的联系，而大坝主轴线的放样，主要考虑地形与地质状况。

主轴线的放样，可以根据在建筑区为施工测量专门建立的控制网——施工控制网进行。而细部放样一般可根据主要轴线进行，但有时也可以根据施工控制网进行。测量人员应该创造从现场标定的轴线进行细部放样的条件。这对于保证建筑物的几何形状、尺寸及放样工作的顺利进行，都具有很大的影响。

当施工控制网仅仅用于放样建筑物的主要轴线时，对该控制网的精度要求并不一定很高。例如，工业场地上主轴线放样精度为 2cm，建立厂区施工控制网时，控制网能够满足这样的精度要求即可。但是，如果施工控制网除了用于放样主轴线，还用来放样各辅助轴线和细部结构时，则对施工控制网的精度要求就大大提高。例如桥梁的施工控制网，除了用来精密测定桥梁长度外，还要用来放样桥墩的位置，保证其上部结构的正确连接，因此其精度要求就比较高。所以，放样工作应该根据建筑物施工的具体情况（精度要求，施工条件等），分别采取区别对待的方法，以降低施工施工控制网的精度要求，从而便于测量工作的进行。

施工控制网建立好以后，就可以根据施工控制网进行轴线放样。但在实际工作中，并不意味着利用施工控制网一次就能将所有的建筑物轴线都放样出来，而是依据施工进度和施工需要，依次进行。因为过早放样某些点位，一是由于进度所限，不利于桩位的保护，二是施工过程中，设计有可能修改，过早放样的某些点位必须重新放样。

综上所述，施工放样的程序可以做如下选择：（1）根据施工控制网放样建筑物轴线，再根据建筑物轴线进行细部放样；（2）根据施工控制网直接放样建筑物轴线和细部。如何选择，视设计、施工等实际情况而定。

需要强调的是，放样是整个施工过程中的重要组成部分，因此，必须与施工组织计划相协调，在精度和速度方面满足施工需要。测量人员必须具有高度的责任心，做到胆大心细，满足进度，保证质量。

5.2 施工控制网的布设

理论上对于任何工程的建设施工都应该布设专门的施工控制网，作为施工放样的依据。

5.2.1 布设施工控制网的必要性

从控制网的精度来看，测图控制网也不能代替施工控制网。测图控制网的作用在于使测量误差的累积得到控制，以保证图纸上所测绘的内容（如地形、地物等）精度均匀，使相邻图幅之间正确拼接。由于一般工程建设所采用的最大比例尺为1：500，所以测图控制网精度设计的依据是"使平面控制网能满足1：500比例尺测图精度要求，四等以下（包括四等）的各级平面控制网的最弱边的边长中误差（或导线的最弱点的点位中误差）不大于图上0.1mm，即实地中误差应不大于5cm"。简单而言，测图控制网精度要求是按测图比例尺的大小确定的，精度较低。施工控制网的精度要求是根据工程建设的性质决定的，一般应根据设计对建筑限差的要求推算施工控制网的精度。由于现代工程涉及地面、地下、空间及微观世界，如铁路、水利枢纽、摩天大厦、核电站、海底隧道、跨海大桥、电子对撞机等大型工程，施工精度要求较高，故施工控制网的精度要求也大大提高。一般说来，施工控制网的精度要高于测图控制网。

从控制点点位分布来看，测图控制网主要是为测图服务的，其点位的选择主要是根据网型要求和地形情况来定，尽量选择在视野开阔、控制范围大的位置，点位之间应满足测图最大视距要求，尽量分布均匀。由于当时工程建（构）筑物尚未设计，选择点位时也无法考虑满足施工测量的要求。而施工控制网，则是以满足施工放样为目的，根据设计工程建（构）筑物的结构特点来选择控制点位，既要照顾重点，又要兼顾全面，其点位的分布稀疏有别，具有较强的针对性。所以，从点位分布和密度来看，测图控制网不能代替施工控制网。

另外，从控制点的保存情况来看，即使测图控制网点的点位分布和精度可以满足施工放样的要求，但施工现场土地平整时大量土方的填挖也会使原来布置的控制点破坏严重。据统计，当工程修筑时，因场地平整改造使测图控制网点的损失率会达到40%～80%。

由此可知，当工程施工时，原有测图控制网点或因点位分布不当、或因密度不够、或因精度偏低、或因施工毁掉而不能满足施工放样的要求。因此，除小型工程或放样精度要求不高的建筑物可以利用测图控制网作为施工依据外，一般较复杂的大中型工程，勘测设计阶段应先建立测图控制网，施工阶段再建立专用施工控制网。

5.2.2 施工控制网的特点

勘测阶段所建立的测图控制网，其目的是为测图服务，控制点的选择是根据地形条件和测图比例尺综合考虑的。由于建筑设计的依据之一是地形图，测图控制网不可能考虑到待设计建筑物的总体布置，又由于施工控制网的精度取决于工程建设的性质，因此测图控制网无论从点位的精度方面还是从点位的密度方面，都难以满足施工放样的要求。为此，为了进行施工放样测量，必须建立施工控制网。

施工控制网的布设应该根据建（构）筑物的总平面布置和施工区的地形条件来考虑。对于地形起伏较大的山岭地区和跨越江河的地区，一般可以考虑建立三角网或 GPS 网。对于地形平坦但通视比较困难的地区，例如改建、扩建的居民区及工业场地，可以考虑布设导线网。对于建筑物比较密集且布置比较规则的工业与民用建筑区，也可以将施工控制网布设成规则的矩形格网，即建筑方格网。

相对于测图控制网而言，施工控制网一般具有如下特点：

（1）控制网精度较高，且具有较强的方向性和非均匀性。施工控制网不像测图控制网要求精度均匀，而是常常要求保证某一方向或某几个点相对位置的高精度。如为保证桥梁轴线长度和桥墩定位的准确性，要求沿桥轴线方向的精度较高。隧道施工则要求保证隧道横向贯通的正确。这均说明施工控制网的精度具有一定的方向性。

放样建（构）筑物时，有时该建（构）筑物的绝对位置精度要求并不高，但建筑物间相对关系却必须保证，相对精度要求很高。所以，施工控制网具有针对性的非均匀精度，其二级网的精度不一定比首级网精度低。这里说的精度主要是指相对精度。

（2）控制网点位设置应考虑到施工放样的方便。如桥梁和隧道施工控制网在其轴线的两端点必须设置有控制点。同时，由于施工现场的复杂条件，施工控制网的点位分布应尽可能供放样时有较多的选择，且应具有足够的点位密度，否则无法满足施工期间的放样工作。

（3）常采用施工坐标系统。施工坐标系统，是根据工程总平面图所确定的独立坐标系统，其坐标轴平行或垂直于建筑物的主轴线。

主轴线通常由工艺流程方向、运输干线（铁路或其他运输线）或主要建筑物的轴线所决定。施工场地上的各个建筑物轴线常平行或垂直于这个主轴线。例如，水利枢纽工程中通常以大坝轴线或其平行线为主轴线，桥梁工程中通常以桥轴线或其平行线作为主轴线等。布设施工控制网时应尽可能将主轴线包括在控制网内使其成为控制网的一条边。施工坐标系统的坐标原点应设在施工场地以外的西南角，使所有建筑物的设计坐标均为正值。

采用施工坐标系统时，由于坐标轴平行或垂直于主轴线，因此同一矩形建筑物相邻两点间的长度可以方便地由坐标差求得，用西南角和东北角两个点的坐标可以确定矩形建筑物的位置和大小。同样相邻建筑物间距也可由坐标差求得。

由于我们通常所用的坐标系统为国家坐标系统、城市坐标系统等，均属测量坐标系统，其与施工坐标系统的轴系、原点规定不一致。因此，施工坐标系统和测量坐标系统之间往往需要相互转换。

至于施工场地的高程系统，除统一的国家高程系统或城市高程系统外，设计人员习惯于为每一个独立建筑物规定一个独立的高程系统。该系统的零点位于建筑物主要入口处室内地坪上，设计名称为"±0.000"。在"±0.000"以上标高为正，在这以下标高为负。当然设计人员要说明"±0.000"所对应的绝对高程（国家或城市高程系统）为多少。

（4）投影面的选择应满足"按控制点坐标反算的两点间长度与两点间实地长度之差应尽可能小"原则。由于施工放样时是在实地放样，故需要的是两坐标点之间的实地长度。而传统控制网平差是把长度投影到参考椭球面然后改化到高斯平面上，此时按坐标计算出的两点间长度和两点间实地长度相比，已经有了一定差值，出现长度误差。这必然导致实地放样结果的不准确，影响设计效果或工程质量。

因此，施工控制网的实测边长通常不是投影到参考椭球面上而是投影到特定的平面上。

例如，工业建设场地的施工控制网投影到厂区的平均高程面上，桥梁施工控制网投影到桥墩顶部平面上，隧道施工控制网投影到隧道贯通平面上，也有的工程要求将长度投影到定线放样精度要求最高的平面上。

5.2.3 施工控制网的布设

和测图控制网一样，施工控制网一般采取分级布设的原则。首级控制网布满整个工程地区，主要作用是放样各个建筑物的主轴线。二级控制网在首级控制网的基础上加密，主要用以放样建筑物的细部。工业场地的首级控制网称为厂区控制网，二级控制网称为厂房控制网。大型水利枢纽的首级控制网称为基本网，二级控制网称为定线网。

为施工服务的高程控制网一般分为两级布设。首级网布满整个工程地区，称为首级高程控制，常用三等水准测量。第二级为加密网，以四等水准布设，加密网点大多采用临时水准点，要求布设在建筑物的不同高度上，其密度应保证放样时只设一个测站，即可将高程传递到放样点上。对于起伏较大的山岭地区，平面和高程控制网通常各自单独布设，而在平坦地区，平面控制网点通常联测在高程控制网中，兼作高程控制使用。

施工控制网的布设形式，应根据工程性质、设计精度要求、施工区域大小及场地地形地物的现状特点等因素来合理确定。

以下是施工控制网和高程控制网布设方案：

1. 施工控制网的布设方案

施工控制网与测图控制网在投影面的选择上是不一样的。因为施工放样需要的是控制点之间的实地距离，所以施工控制网的基线长度不需要投影到平均海水面上。例如，工业建设场地上是将施工控制网投影到厂区的平均高程面上，桥梁控制网要求化算到桥墩顶面上，也有的工程要求将基线投影到精度要求最高的平面上，等等。

有些复杂工程往往是各种建筑物、构筑物、公路、铁路、工业设施的综合体，各个项目对放样的精度要求不同；另外，各项目之间轴线的几何联系，相对于其内部各轴线间的几何联系，在精度上往往有较大差异。因此，在布置施工控制网时，采用分级布设是比较合理的。即首先布置整个施工区域的首级控制网，其作用是放样各个建（构）筑物的轴线，然后建立加密的二级控制网，其作用是控制各建（构）筑物内部的几何关系。需要指出的是，由于工程建设的特殊要求，二级控制网的精度有时要高于首级控制网，例如大坝坝体的建设与其内部发电机组的安装在精度上是有很大区别的，这也是施工控制网的一个特点。

2. 高程控制网的布设方案

在测图期间建立的高程控制网，在点位的密度和分布方面往往难以满足放样的要求，因此也需要建立专门的高程控制网。

在施工期间，要求在建筑物附近的不同高度上都必须布置临时水准点，临时水准点的密度应该保证进行高程放样时只设一个测站就能将高程传递到建筑物上。因此，高程控制网通常也采用分级布设，即首先布设遍布施工区域的基本高程控制网，然后根据不同施工阶段布设加密网。加密点一般为临时水准点，可以因地制宜，置于凸出的岩石上或已经浇筑好的混凝土上，但标记要醒目，便于保存和寻找。

需要指出的是，平面控制网和高程控制网可以分开单独布设，也可以把平面控制点联测到高程控制网上，作为一个整体来布设，具体采用哪一种形式情况应该视地形起伏和测量的难易程度而定。

5.3 施工控制网精度的确定方法

施工控制网精度的确定，是保证各种建筑物放样的精度的基本要求。正确制定工程建筑物放样的精度要求，是一项极为重要的工作，如果定的标准太低，就可能造成质量事故；反之，如果标准定得太高，增加了放样工作的难度，延长了放样的时间。这也跟不上现代化高速施工的脚步。

建筑物放样时的精度要求，是根据建筑物竣工时对于设计尺寸的容许误差来确定的。建筑物竣工时的实际总误差是由施工误差和测量放样误差引起的。测量误差只是其中的一部分，为了根据验收限差正确地制定建筑物放样的精度要求，除了测量知识之外，还必须具有一定的工程知识。由于各种建筑物，或对于同一建筑物中不同建筑部分，对放样精度的要求是不同的。因此，遇到问题首先根据哪一个精度要求来考虑控制网的精度。在选择时，还应考虑施工现场条件与施工程序和方法。分析这些建筑物是否必须直接从控制点进行放样。对于某些建筑元素，虽然它们之间的相对精度要求很高，但在放样时，可以利用它们之间的几何联系直接进行，因而在考虑控制网的精度时，可以不考虑它。

对于桥梁和水利枢纽地区，放样点一般离控制点较远，放样不甚方便，因而放样误差较大。同时考虑到放样工作要及时配合施工，经常在有施工干扰的情况下高速度进行，不大可能用增加测量次数的方法来提高精度。而在建立施工控制网时，则有足够的时间和各种有利条件来提高控制网的精度。因此在设计施工控制网时，应考虑控制点误差所引起的放样点位的误差。相对于施工放样的误差来说，小到可以忽略不计，以便今后的放样工作提供有利条件。根据这个原则，对施工控制网的精度要求分析如下：

设 M 为放样后所得点位的总误差；

m_1 为控制点误差所引起的误差；

m_2 为放样过程中所产生的误差。

则

$$M = \pm \sqrt{m_1^2 + m_2^2} = \pm m_2 \sqrt{1 + \frac{m_1^2}{m_2^2}} \tag{5-1}$$

显然 $m_1 < m_2$，故 $\frac{m_1}{m_2} < 1$，将式（5-1）的二项式展开为级数，并略去高次项，则有：

$$M = m_2 \left(1 + \frac{m_1^2}{2m_2^2} \right) \tag{5-2}$$

若使上式中 $\frac{m_1^2}{2m_2^2} = 0.1$，亦即控制点误差的影响仅占总误差的 10%，即得：

$$m_1^2 = 0.2 m_2^2$$

将上式与式（5-2）联合解算，可求得

$$m_1 \approx 0.4M \tag{5-3}$$

由以上推导可得，当控制点所引起的误差为总误差的 0.4 倍时，则它使放样点位的总误差仅增加 10%，这一影响实际上可以忽略不计。

由于施工控制网通常分两级布设，第二级网的加密方式又多种多样（插点、插网、交会定点等），另外在放样过程中，随着放样方法、放样图形的不同，控制点误差所引起的影响，也随之改变。因此，在确定了所需放样点位的总误差后，应用式（5-3）来确定施工控制网的精度时，仍须根据具体情况作具体分析。

对于工业场地来说，由于施工控制网的点位较密，放样距离较近，操作比较容易，因此放样误差也就比较小。在这种情况就没有必要采用"使控制点误差对放样点位不发生显著影响"的原则，而是给控制网误差与细部放样误差以适当的比例，合理地确定施工控制网的精度。

在确定了建筑放样的精度要求以后，就可以用它作为起算数据来推算施工控制网的必要精度。此时，要根据施工现场的情况和放样工作的条件来考虑控制网误差与细部放样误差的比例关系，以便合理地确定施工控制网的精度。

考虑到放样工作要及时配合施工，经常在有干扰的情况下高速度进行工作，用增加测量次数的方法来提高精度就显得不合理。而有了施工控制网，则有足够的时间和各种有利条件来提高控制网的精度。因此，在设计施工控制网时，应使控制点误差所引起的放样点位的误差，相对于施工放样的误差来说，可以忽略不计，以便为今后的放样工作创造有利条件。

5.4 施工测量控制网的建立

5.4.1 施工控制网概述

建筑施工控制测量的主要任务是建立施工控制网。在勘测阶段所建立的测图控制网，由于各种建筑物的设计位置尚未确定，无法考虑周全以满足施工测量的需要；另外，在建筑物施工之前，一般先需要进行场地平整工作，这样，原场地的测图控制点可能遭到破坏，因此，在建筑施工时，一般需要建立专门的施工控制网。

道路、工业厂房、民用建筑等大部分是沿着相互平行或相互垂直的方向进行布置的，因此，对于建筑物比较密集且布置比较规则的工业与民用建筑区，施工平面控制网通常布设成规则的矩形格网，即建筑方格网，如图5-1中的实线格网。在面积不大又不十分复杂的建筑场地上，通常采用平行于道路或建筑物主要轴线的方式布置一条或几条基线，作为施工测量的平面控制，称为建筑基线。下面分别简单介绍。

工程建筑物的设计一般采用独立的建筑坐标系，即施工坐标系。当施工坐标系与测量坐标系发生联系时，需要进行相应的坐标转换。

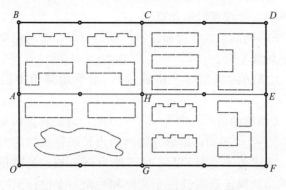

图 5-1　建筑方格网

5.4.2　建筑方格网

1. 建筑方格网的布设

（1）建筑方格网的布置和主轴线的选择

建筑方格网的布置是根据建筑设计总平面图上各建筑物、构筑物、道路及各种管线的布设情况，并结合现场的地形情况拟定。如图 5-2 所示，布置时应先选定建筑方格网的主轴线 $M\text{-}O\text{-}N$ 和 $C\text{-}O\text{-}D$，然后再布置其他方格网顶点。方格网的形式可布置成正方形或矩形，当场区面积较大时，常分两级。首级可采用"十"字形、"口"字形或"田"字形，然后再加密方格网。

当场区面积不大时，尽量布置成全面方格网。

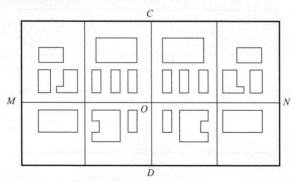

图 5-2　建筑方格网主轴线

布网时，应注意以下几点：

1）方格网的主轴线应布设在厂区的中部，并与主要建筑物的基本线轴线平行。

2）方格网的折角应严格成 90°，水平角测角中误差一般为 ±5″。

3）方格网的边长一般为 100～300m，边长测量的相对精度为 1/20000～1/30000；矩形方格网的边长视建筑物的大小和分布而定，为了便于使用，边长尽可能为 50m 或它的整倍数。方格网有的边应保证通视且便于测距和测角，点位标识应能长期保存。

4）方格网顶点应该埋设在土质坚实、不受施工影响且便于长期保存的地方。

（2）确定主点的施工坐标

如图 5-3 所示，MN、CD 为建筑方格网的主轴线，它是建筑方格网扩展的基础。当场区很大时，主轴线很长，一般只测设其中的一段，如图中的 AOB 段，该段上 A、O、B 点是主轴线的定位点，称主点。主点的施工坐标一般由设计单位给出，也可在总平面图上用图解法求得一点的施工坐标后，再按主轴线的长度推算其他主点的施工坐标。

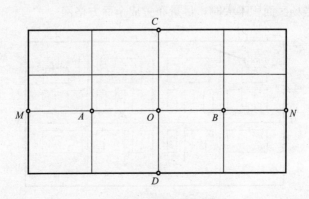

图 5-3　建筑方格网主点

（3）求算主点的测量坐标

由于城市建设需要有统一的规划，设计建筑的总体位置必须与城市或国家坐标一致，因此，主要轴线的定位需要测量控制点来测设，使其符合直线、直角、等距等几何条件。当施工坐标系与城市坐标或国家坐标不一致时，在施工方格网测设之前，应把主点的施工坐标换算为测量坐标，以便求算测设数据。

2. 建筑方格网的测设

图 5-4 中的 1、2、3 点是测量控制点，A、O、B 为主轴线的主点。首先将 A、O、B 三点的施工坐标换算成测量坐标，再根据它们的坐标反算出测设数据 D_1、D_2、D_3 和 β_1、β_2、β_3，然后按极坐标法分别测设出 A、O、B 三个主点的概略位置，如图 5-5 所示，以 A'、O'、B' 表示，并用混凝土桩把主点固定下来。混凝土桩顶部常设置一块 10cm×10cm 铁板，供调整点位使用。由于主点测设误差的影响，致使三个主点一般不在一条直线上，并且点与点之间的距离也不等于设计值。因此需在 O' 点上安置 $2''$ 经纬仪，2～3 测回精确测量 $\angle A'O'B'$ 的角值 β，并且用鉴定过的测距仪器测量 $O'A'$ 和 $O'B'$ 的距离 a 和 b。β 与 $180°$ 之差超过 $\pm5''$ 或 a，b 的长度与设计值相差超过 $\pm5mm$，都应该进行点位的调整，各主点应沿 AOB 的垂线方向移动同一改正值 δ，使三主点成一直线。δ 值可按式（5-4）计算。图 5-5 中，u 和 r 角均很小，故

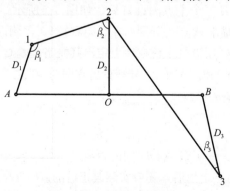

图 5-4　建筑方格网主点测设

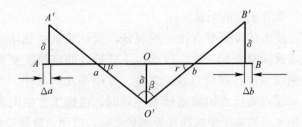

图 5-5　建筑方格网主点纠正

$$u = \frac{\delta}{\frac{a}{2}}\rho = \frac{2\delta}{a}\rho$$
$$r = \frac{\delta}{\frac{b}{2}}\rho = \frac{2\delta}{b}\rho$$

而　　$180° - \beta = u + r = \left(\frac{2\delta}{a} + \frac{2\delta}{b}\right)\rho = 2\delta\left(\frac{a+b}{ab}\right)\rho$

$$\delta = \frac{ab}{2(a+b)}\frac{1}{\rho}(180° - \beta) \tag{5-4}$$

　　移动 A'、O'、B' 三点之后再测量 $\angle A'O'B'$，如果测得的结果与 $180°$ 之差仍超限，应再进行调整，直到误差在允许范围之内为止。然后计算 Δa、Δb，移动至正确位置，得到经过检验调整后的一条主轴线。

　　A、O、B 三个主点测设好后，如图 5-6 所示，将经纬仪安置在 O 点，瞄准 A 点，分别向左、向右转 $90°$，测设出另一主轴线 COD，同样用混凝土桩在地上定出其概略位置 C' 和 D'，再精确测出 $\angle AOC'$ 和 $\angle AOD'$，分别算出它们与 $90°$ 之差 ε_1 和 ε_2。并计算出改正值 l_1 和 l_2

$$l = L\frac{\varepsilon''}{\rho''} \tag{5-5}$$

　　式中，L——OC' 或 OD' 间的距离。

　　C、D 两点定出后，还应实测改正后的 $\angle COD$，它与 $180°$ 之差应在限差范围内。然后精密丈量出 OA、OB、OC、OD 的距离，在铁板上刻出其点位。

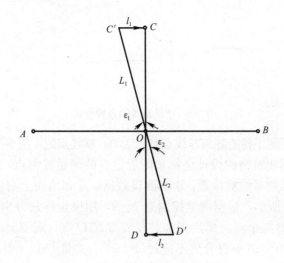

图 5-6　相互垂直主轴线纠正示意图

3. 建筑方格网的详细测设

主轴线测设好后，分别在主轴线端点上安置经纬仪，均以 O 点为起始方向，分别向左、向右测设出 $90°$，如图 5-7 所示，用角度交会法测设出方格网的四个顶点 E，F，G 和 H。再用测设相应的距离进行校核，并作适当调整。此后再以基本方格网点为基础，加密方格网中其余各点。

（1）建筑基线

建筑基线的布置也是根据建筑物的分布，场地的地形和原有控制点的状况而选定的。

建筑基线应靠近主要建筑物，并与其轴线平行，以便采用直角坐标法进行测设，通常可布置如图 5-8 所示的几种形式。（a）为三点直线形，（b）为三点

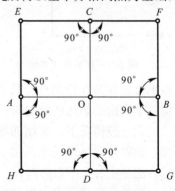

图 5-7　建筑方格网的详细测设

直角形，(c) 为三点直角形，(d) 为五点十字形。

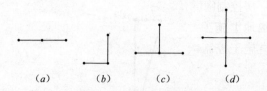

(a)　　　(b)　　　(c)　　　(d)

图 5-8　建筑基线的布置形式

为了便于检查建筑基线点有无变动，基线点数不应少于三个。

根据建筑物的设计坐标和附近已有的测量控制点，在图上选定建筑物基线的位置，求算测设数据，并在地面上测设出来。如图 5-9 所示，根据测量控制点 1、2，用极坐标法分别测设出 A、O、B 三个点。然后把经纬仪安置在 O 点，观测 $\angle AOB$ 是否等于 $90°$，其不符合值不应超过 $\pm24''$。丈量 OA、OB 两段距离，分别与设计距离相比较，其不符值不应大于 $1/10000$，否则，应该进行必要的点位调整。

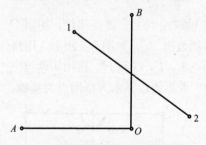

图 5-9　建筑基线的测设

（2）高程控制

在建筑场地上，水准点的密度应尽可能满足安置一次仪器即可测设出所需的高程点。而测绘地形图时敷设的水准点往往是不够的，因此，还需增设一些水准点。在一般情况下，建筑方格网点也可兼作高程控制点。只要在方格网点桩面上中心点旁边设置一个突出的半球状标志即可。

在一般情况下，采用四等水准测量方法测定各水准点的高程，而对连续生产的车间或下水管道，则需采用三等水准测量的方法测定各水准点的高程。

此外，为了测设方便和减少误差，在一般厂房的内部或附近应专门设置 ±0.000 水准点。但需注意设计中各建、构筑物的

±0.000 的高程不一定相等，应严格加以区别。

（3）厂房控制网的建立

工业场地上施工测量的内容，按其进行工作的程序来说，它包括建立施工控制网，放样各工序的施工中心线与高程，阶段性的竣工测量（包括阶段性的验收与测出竣工中心线和必要的高程点，作为下一阶段施工放样的依据），各项工程的竣工测量（测出其关键部位的实际坐标和高程，有关的尺寸，垂直度以及水平度等，以鉴定它们是否符合设计或规范的要求），编绘竣工总平面，以及对于某些指定的工程进行变形观测等。按其服务的对象来说，它包括土方工程的施工测量，基础工程的施工测量，结构安装测量，机械设备的安装测量，以及管线工程和铁路修筑中的放样与测量等。由此看来，工业场地上的施工测量，工程相当多，任务相当大，所以需要专业测量队伍来进行这项工作。

工业场地上的施工控制网，一般分两级布设。首先是布满整个场地的控制网，通常称为厂区控制网，其平均边长约为200m。为了进行厂房（或主要生产设备）的细部放样，按照我国实践的经验，还要根据由厂区控制网所定出的厂房主轴线，建立厂房控制网，因为它一般都是矩形，所以也叫矩形控制网。关于它的建立方法，不再赘述。

厂区控制网的主要作用，主要用于放样厂房轴线以及各生产车间之间的联系设备，例如皮带运输机、管道和铁路等。厂房轴线放样的误差，会影响到它们的间隔，由于这种间隔较大，所以这方面的精度要求不是很高的。而联系设备则布满整个工业场地，并且各处同时施工，如果放样的误差较大，则将影响连接，而不能保证工程质量。所以我们可根据建筑限差的要求，保证联系设备的连接质量。

厂区控制网根据建筑场地的地形情况和建筑物的布置情况，可以采用不同的形式。地势平坦、建筑物密集且布置规则的，可以采用建筑方格网；地势平坦，但建筑物布置不规则的，可以采用导线网；地势起伏较大的，可以采用三角网。

由于厂区控制网控制点的分布较稀，用以放样建筑物的细部位置是远远不够的，因此对于每一个车间厂房还需要建立厂房控制网。由于一般的厂房都是矩形的（有的有些不规则的凸出或凹入，但基本形状是如此），因而厂房控制网都是布设成矩形的，所以也称为矩形控制网。它是厂房施工的基本控制，厂房骨架及其内部主要设备的关系尺寸，都是根据它放样到实地上去。

厂房控制网常用的建立方法，有下列两种：

第一种方法是先根据厂区控制网定出它的一条边作为基线，例如图 5-10 中的 S_1S_2，再在基线的两端测设直角，设置矩形的两条矩边，并沿着各边丈量距离，埋设距离指标桩。这种布设形式比较简单，测设方便。但由于其余三边系由基线推出，误差集中在最后一条边 N_1N_2 上，因此这条边上的精度就比较差，这是它的缺点。此种形式的矩形控制网只适用于一般的中小型厂房。

第二种方法是参考建筑方格网的测设，先根据厂区控制网定出矩形控制网的主轴线。然后根据主轴线，在厂房柱基的挖土范围以外，测设出矩形网的四条边而形成一个控制网。这样的布网方法灵活性大，标桩容易选择适宜的位置，矩形的四条边都是根据主轴线测设的，其误差分布比较均匀。缺点是测设的工序较多，比较费时，它一般适用于为大型车间建立控制网。

矩形网的主轴线，原则上应与厂房的主轴线或主要设备基础的轴线一致，但是还应考虑现场的地形条件和施工情况。在设计时，如轴线长度超过 400m，其定位点的数目一般不得少于三个。按理论上来说，原来计划的在一条直线上的点在实地上也应是一条直线，所以初步放样定出的点还必须进行调整，使其在一条直线上。其方法是在轴线的交点上测定交角 β（测角中误差不应超过 $\pm 2.5''$），若交角不为 $180°$ 则应按下列公式计算点位的改正值 δ，以便进行点位改正。

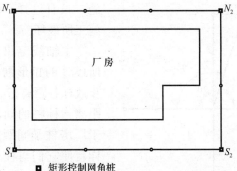

图 5-10　厂房控制网的建立

$$\delta = \frac{ab}{a+b}\left(90° - \frac{\beta}{2}\right)\frac{1}{\rho}$$

式中符号的意义如图 5-11 所示。

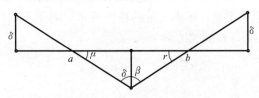

图 5-11　厂房长轴线调整

改正后必须用同样的方法进行检查，其结果与 $180°$ 之差不应超过 $\pm 5''$，否则应再进行改正。

短轴线的调整，根据调整后的长轴线进行，其方法与要求和上述的相同，不过这时观测的直角，调整时只改正短轴线的端点。其改正数 d 计算的公式为

$$d = l \cdot \frac{\beta' - a'}{2} \cdot \frac{1}{\rho}$$

式中符号如图 5-12 所示。

矩形网的图形应参阅有关的设计和施工图纸来进行设计。它们应布置在厂房柱子基础深度 1.5 倍以外的空地上（太远了放样不便），要注意避开地下管网、道路和为施工服务的临时设

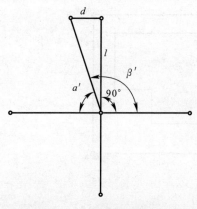

图 5-12　厂房短轴线调整

施。只有这样，桩才不易被施工所破坏。

主轴线定出后，即可按所设计的矩形网的图纸，初步放样各距离指标桩的位置。距离指标桩的间距一般是等于厂房柱子间距的倍数，这样就使它们与柱子的中心线相合，既可减少桩点，又减少了使用时的计算工作。

设置距离指标桩时，先根据所设计的位置进行初步定位，埋设顶部带有金属标板的混凝土标桩。标桩的形式见图 5-13，其中桩上半球形圆球，可以作为临时水准点用。标桩埋设稳定以后，即可按规定的精度对它们进行距离丈量。距离丈量的精度要求，对于不同厂房来说，介于 $1/10000 \sim 1/30000$。

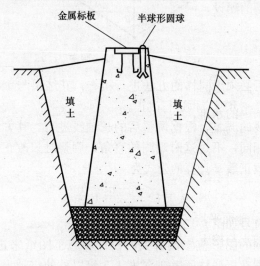

图 5-13　标桩结构图

第6章 施工测量

6.1 场地平整测量

场地平整就是对拟建地区的自然地貌加以改造，整理为水平或倾斜的场地，使改造后的地貌适于布置和修建建筑物，便于排泄地面水，满足交通运输和敷设地下管线的需要。在平整场地中，为了使场地的土石方工程合理，应满足挖方与填方基本平衡，同时要概算出挖、填土石方工程量，并测设出挖、填土石方的分界线。

6.1.1 方格法

此法适用于场地高低起伏较小、地面坡度变化均匀的场地，其施测步骤如下。

1. 测设方格网

方格网的测设，一般是将现场的方格网用普通测法加密成全面的方格网，方格的大小根据地形情况和施工方法而定，机械施工常用 50m×50m 或 100m×100m 的方格，人力施工多用 20m×20m 的方格。为便于计算，各方格点按纵、横行列编号，如图 6-1 所示。

根据场内的水准点，测出各方格点处的地面高程（尾数至厘米即可），并按编号标注于方格网图上。如原有场地的大比例尺地形图精度较好且现状变化不大时，可将方格网展绘到地形图上，然后按图上地形点高程或等高线求出各方格点处的地面高程。

2. 计算地面平均高程

当在填土与挖土方量平衡的情况下，若将场地整成水平面，则此水平面的设计高程应等于该场地现状地面的平均高程。

在方格网中，一般认为各点间的地面坡度是均匀的，各格

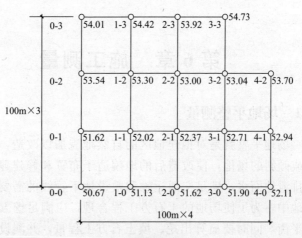

图 6-1　方格网图编号

网点在格网中位置不同，它的地面高程所影响的面积也不相同，若以 1/4 方格为一单位面积，定其权为 1，则方格网中各点地面高程的权分别是：凸角点为 1，边点为 2，凹角点为 3，中心点为 4（见图 6-2）。这样就可以用加权平均值的算法，计算该场地的地面平均高程 $H_平$。

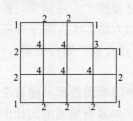

图 6-2　定权

$$H_平 = \frac{\sum P_i H_i}{\sum P_i} \qquad (6\text{-}1)$$

式中　H_i——方格 i 点的地面高程；

P_i——方格点 i 的权。

对于图 6-1 所示，计算其平均高程，为了简便，以高程 50 为基准进行计算。

5 个凸角点 $PH = 1 \times (0.67 + 2.11 + 3.70 + 4.73 + 4.01) = 15.22$m

8 个边点 $PH = 2 \times (1.13 + 1.62 + 1.90 + 2.94 + 3.92 + 4.42 + 3.54 + 1.62) = 42.18$m

1 个凹角点 $PH = 3 \times 3.04 = 9.12$m

5 个中心点 $PH = 4 \times (2.02 + 2.37 + 2.71 + 3.00 + 3.30) = 53.60$m

则地面平均高程 $H_{平}$ 为

$$H_{平}=50.00+\frac{\sum P_iH_i}{\sum P_i}$$

$$=50.00+\frac{15.22+42.18+9.12+53.60}{1\times5+2\times8+3\times1+4\times5}=52.73$$

若该场地因修建各地下工程、管线工程和基础工程的 33000m3 挖方就地铺平时，则地面平均高程应为：

$$H_{平}=52.73+\frac{33000}{110000}=53.03m$$

3. 计算定坡场地方格点设计高程

为了节省土方工程和场地排水的需要，在填挖土方平衡的原则下，一般场地按地形现状整成一个或几个有一定坡度的斜面。

由立体几何可知，若将整个场地平面形状的重心处的设计高程，定为场地平均地面的高程时，则整个场地无论整平成任何方向倾斜的斜平面，土方的填挖量总是平衡的。当矩形或方形场地平整成一个斜平面时，其图形中心就是重心。对于非对称图形，可用图解法求其重心，如图 6-3 所示。

当场地形状不对称，不平整，成一个斜平面时，则可先算出场地按设计坡度平整后，场地最低点高程以上的方量 V，若再除以场地面积 A，则得方量 V 的平铺厚度 h，根据立体几何可知：若将场地平均地面高程 $H_{平}$ 减去此厚度 h，并将高程

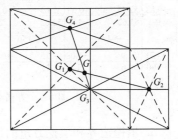

图 6-3　图解法定重心

$(H_{平}-h)$ 定为场地最低点的设计高程时，则整个场地平整后填、挖方量必然平衡。

如图 6-4 所示，方格网的边长为 100m，要求为北高南低，坡度为 5‰；东高西低，坡度为 2‰的斜平面。

由场地设计坡度可知，0-0 点为场地平整后最低点，由图 6-4 可算出场地按设计坡度平整后，0-0 点高程以上的土方量 $V=118500\text{m}^3$，整个场地平整面积 $A=110000\text{m}^2$，则于面积 A 上的平铺厚度 h 为：

$$h=\frac{V}{A}=\frac{118500}{11000}=1.08\text{m}$$

因考虑工程本身挖土方量后场地平均地面高程为 53.03m，则 0-0 点的设计高程应为 53.03－1.08＝51.95m，这样，根据 0-0 点的设计高程、场地设计坡度和方格点间距，即可算出各方格点的设计高程。

当各方格网点的设计高程和实测高程已知后，如图 6-4 所示，即可计算各格网点的填挖数。填挖数为设计高程减去地面高程。

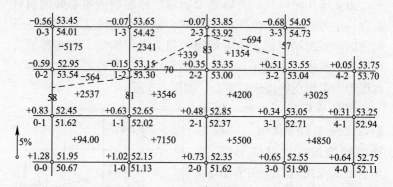

图 6-4　方格点填挖数计算图

4. 填挖边界和填挖方量的计算

在方格网的相邻填方点和挖方点之间，必定有一个不填不挖的点，就是填挖边界点或"零点"。把相邻的零点连接起来，则得填挖边界线或"零线"，即设计的平整面与原地面的交线。零点和填挖边界线是计算填挖方量和施工的重要依据。如表 6-1 为填挖量计算公式。

底面图形和立体示意图	方量计算	说明
正方形	$l^2 \times \dfrac{h_1+h_2+h_3+h_4}{4}$	全方格的填、挖方
直角梯形	$\left(l \times \dfrac{a+b}{2}\right) \times \dfrac{h_1+h_2}{2}$	填挖边界线跨越方格，两对边上各有一零点
	$\dfrac{a \times b}{2} \times \dfrac{h}{3}$	填挖边界线斜跨方格，方格中一个角点是填方或挖方
	(1) $\left(l^2 - \dfrac{a \times b}{2}\right) \times$ $\dfrac{h_1+h_2+h_3+h_4}{4}$ (2) $\left(l^2 - \dfrac{a \times b}{2}\right) \times$ $\dfrac{h_1+h_2+h_3+h_4}{3}$	填挖边界线斜跨方格。去掉的三角形较小时，用式（1）；去掉的三角形较大时，用式（2）
	$\left(l^2 - \dfrac{a_1 \times b_1}{2} - \dfrac{a_2 \times b_2}{2}\right) \times$ $\dfrac{h_1 \times h_2}{2}$	两条填挖边界线斜跨方格，四边上各有一个零点

6.1.2 等高线法

1. 设计成水平场地

如图 6-5 为 1：1000 比例尺的地形图，将在图上将 40m×40m 的场地平整为某一设计高程的水平场地。要求挖、填土石方量基本平衡，并计算出土石方量。设计计算步骤如下。

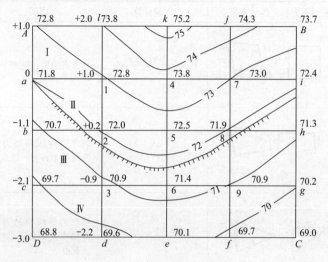

图 6-5　设计成水平场地

2. 绘制方格网

在地形图上的拟建场地内绘制方格网。方格网的大小取决于地形的复杂程度和土石方概算精度，通常为 10m×10m 或 20m×20m，图 6-5 中为 10m×10m 方格网。

3. 计算设计高程

首先根据地形图上的等高线，计算出每个方格角点的地面高程，标注在相应点的右上方，再计算出每个方格的平均高程。最后把所有方格平均高程加起来除以方格总数，得到设计高程的公式为

$$H_{设计} = \left(\frac{H_A + H_a + H_1 + H_l}{4} + \frac{H_a + H_b + H_2 + H_1}{4} + \cdots \right) \div n$$

(6-2)

式中　H_A、H_a、$\cdots$——相应方格角点的高程；

N——方格总数。

实际计算时，可根据方格角点的地面高程及方格角点在计

120

算每格平均高程时出现的次数来进行计算。图中场地四周的角点 A、B、C、D 的地面高程，在计算平均高程中只出现一次，边线上的点 a、b、c、…、l 在计算中用到两次，中间的点 1、2、3、…、9 用到四次。将式（6-2）按各方格点在计算中出现的次数进行整理为

$$H_{设计} = \frac{\sum H_I + 2\sum_{II} + 4\sum_{IV}}{4n}$$

若场地某方格不是矩形，在计算设计高程时，有的方格将用到三次，场地的设计高程计算公式改写为

$$H_{设计} = \frac{\sum H_I + 2\sum_{II} + 3\sum_{III} + 4\sum_{IV}}{4n}$$

式中，H_I、H_{II}、H_{III}、H_{IV} 计算中出现 1、2、3、4 次方格的高程。

套用上式计算图 6-5 设计高程：

$H_{设计} = [(72.8 + 73.7 + 69.0 + 68.8) + 2 \times (73.8 + 75.2 + 74.3 + 72.4 + 71.3 + 70.2 + 69.7 + 70.1 + 69.6 + 69.7 + 70.7 + 71.8) + 4 \times (72.8 + 73.8 + 73.0 + 72.0 + 72.5 + 71.9 + 70.9 + 71.4 + 70.9)] \div (4 \times 16) = 71.85\text{m}$

4. 绘出挖、填边界线

在地形图上根据等高线用内插方法定出高程为 71.85m 的设计等高点。连接各点，即为挖、填边界线，在挖、填边界线以上为挖方区域，以下为填方区域。

5. 计算挖、填高度

各方格点挖、填高度为该点的地面高程与设计高程之差，即 $h = H_{地} - H_{设计}$。将 h 计算值填于各方格点的左上角。"＋"表示挖方，"－"表示填方。

6. 计算挖、填土石方量

首先计算各方格内的挖、填土石方量，然后计算总的土石方量。现以图 6-5 中 I、II、IV 方格为例来说明计算方法。

方格 I 全为挖方，则

$$V_{I挖} = \frac{1}{4} \times (1.0 + 2.0 + 1.0 + 0) \times A_{I挖} = 1.0 A_{I挖}$$

方格Ⅱ既有挖方，又有填方，则

$$V_{II挖} = \frac{1}{4} \times (0 + 1.0 + 2.0 + 0) \times A_{II挖} = 0.3 A_{II挖}$$

$$V_{II填} = \frac{1}{3} \times (0 + 0 - 1.1) \times A_{II填} = -0.37 A_{II填}$$

方格Ⅳ全为填方，则

$$V_{IV填} = \frac{1}{4} \times (-2.0 - 3.0 - 2.2 - 0.9) \times A_{II填} = -2.05 A_{IV填}$$

上式中，$A_{I挖}$、$A_{II挖}$、$A_{II填}$、$A_{IV填}$ 为相应挖、填土石方面积，同法计算其他方格的挖、填土石方量，然后按挖、填土石方量分别计算总和，即为总的挖、填土石方量。

6.1.3 断面法

断面法用于场地较为狭窄的带状地区，其基本测法与道路工程中的纵、横断面图测法相同，即沿场地纵向中线每隔一定距离（如 20m 或 50m）测一横断面，然后将横断面图上的地形点转绘到场地平面图上中线的两侧，然后根据横断面上的地形点勾绘等高线按等高线法进行场地平整。也可直接根据中线上各点高程和各横断面图设计地面坡度和高程，计算填挖方量。另外，对于大面积的场地平整，可利用激光水平仪进行。

6.2 建筑物的定位放线

由于民用建筑的类型、结构和层数等各不相同，因此施工测量的方法和精度要求也有所不同，但施工测量的过程基本一样，主要包括建筑物定位、细部轴线放样、基础施工测量和墙体施工测量等。

在进行施工测量前，应做好各种准备工作。

6.2.1 熟悉图纸

施工测量的主要依据就是图纸，所以在测设前应充分熟悉各种有关的设计图纸，以便了解施工建筑物与相邻地物的相互关系，以及建筑物本身的内部尺寸关系，准确无误地获取测设工作中所需要的各种定位数据。例如，建筑总平面图给出了建筑场地上所有建筑物和道路的平面位置及其主要点的坐标，标出相邻建筑物之间的尺寸关系，注明各栋建筑物室内地坪高程，是测设建筑物总体位置和高程的重要依据；建筑平面图标明了建筑物首层、标准层等各楼层的总尺寸，以及楼层内部各轴线之间的尺寸关系。它是测设建筑物细部轴线的依据，要注意其尺寸是否与建筑总平面图的尺寸相符；基础平面图及基础详图标明了基础形式、基础平面布置、基础中心或中线的位置、基础边线与定位轴线之间的尺寸关系、基础横断面的形状和大小以及基础不同部位的设计标高等，它是测设基槽（坑）开挖边线和开挖深度的依据，也是基础定位及细部放样的依据；立面图和剖面图标明了室内地坪、门窗、楼梯平台、楼板、屋面及屋架等的设计高程，这些高程通常是以±0.000标高为起算点的相对高程，它是测设建筑物各部位高程的依据。在熟悉图纸的过程中，应仔细核对各种图纸上相同部位的尺寸是否一致，同一图纸上总尺寸与各有关部位尺寸之和是否一致，以免发生错误。

6.2.2 现场勘察

为了解施工现场上地物、地貌以及现有测量控制点的分布情况，应进行现场踏勘，踏勘时要了解测量现场的视野范围、土质情况等内容以便根据实际情况考虑测设方案。

6.2.3 确定测设方案和准备测设数据

在熟悉设计图纸、掌握施工计划和施工进度的基础上，结合现场条件和实际情况，拟定测设方案。测设方案包括测设方法、测设步骤、采用的仪器工具、精度要求、时间安排等。在每次现场测设之前，应根据设计图纸和测量控制点的分布情况，准备好相应的测设数据并对数据进行检核，需要时还可绘出测设略图，把测设数据标注在略图上，使现场测设时更方便快速，并减少出错的可能。

6.2.4 建筑物的定位

建筑物四周外廓主要轴线的交点决定了建筑物在地面上的位置，称为定位点或角点，建筑物的定位就是根据设计条件，将这些轴线交点测设在地面上，作为细部轴线放线和基础放线的依据。由于设计条件和现场条件不同，建筑物的定位方法也有所不同，下面介绍三种常见的定位方法：

1. 根据控制点定位

如果待定位建筑物的定位点设计坐标是已知的，且附近有高级控制点可供利用，可根据实际情况选用极坐标法、角度交会法或距离交会法来测设定位点。在这三种方法中，极坐标法适用性最强，是用得最多的一种定位方法。

2. 根据与原有建筑物和道路的关系定位

如果设计图上只给出新建建筑物与附近原有建筑物或道路的相互关系，而没有提供建筑物定位点的坐标，周围又没有测量控制点、建筑方格网和建筑基线可供利用，可根据原有建筑物的边线或道路中心线，将新建建筑物的定位点测设出来。

3. 根据建筑方格网和建筑基线定位

如果待定位建筑物的定位点设计坐标是已知的，且建筑场地已有建筑方格网或建筑基线，可利用直角坐标法测设定位点。当然也可用极坐标法等其他方法进行测设，但直角坐标法所需要的测设数据的计算较为方便，在用经纬仪和钢尺实地测设时，建筑物总尺寸和四大角的精度容易控制和检核。

具体测设方法随实际情况的不同而不同，但基本过程是一致的，就是在现场先找出原有建筑物的边线或道路中心线，再用经纬仪和钢尺将其延长、平移、旋转或相交，得到新建建筑物的一条定位轴线，然后根据这条定位轴线，用经纬仪测设角度（一般是直角），用钢尺测设长度，得到其他定位轴线或定位点，最后检核四个大角和四条定位轴线长度是否与设计值一致。

6.2.5 建筑物的放线

建筑物的放线，是指根据现场上已测设好的建筑物定位点，详细测设其他各轴线交点的位置，并将其延长到安全的地方做好标志，然后以细部轴线为依据，按基础宽度和放坡要求用白灰撒出基础开挖边线。

1. 测设细部轴线交点

如图 6-6 所示，A 轴、E 轴、①轴和⑦轴是建筑物的四条外墙主轴线，其交点 A_1、A_7、E_1 和 E_7 是建筑物的定位点，这些定位点已在地面上测设完毕并打好桩点，各主次轴线间隔见图 6-6，现欲测设次要轴线与主轴线的交点。

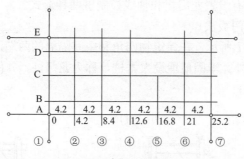

图 6-6　测设细部轴线交点

在 A_1 点安置经纬仪，照准 A_7 点，把钢尺的零端对准 A_1 点，沿视线方向拉钢尺，在钢尺上读数等于①轴和②轴间距（4.2m）的地方打下木桩，打的过程中要经常用仪器检查桩顶是否偏离视线方向，并不时拉一下钢尺，看钢尺读数是否还在桩顶上，如有偏移要及时调整。打好桩后，用经纬仪视线指挥在桩顶上画一条纵线，再拉好钢尺，在读数等于轴间距处画一条横线，两线交点即 A 轴与②轴的交点 A_2。

在测设 A 轴与③轴的交点 A_3 时，方法同上，注意仍然要将钢尺的零端对准 A_1 点，并沿视线方向拉钢尺，而钢尺读数应为①轴和③轴间距（8.4m），这种做法可以减小钢尺对点误差，避免轴线总长度增长或减短。如此依次测设 A 轴与其他有关轴线的交点。测设完最后一个交点后，用钢尺检查各相邻轴线桩的间距是否等于设计值，误差应小于 1/3000。

测设完 A 轴上的轴线点后，用同样的方法测设 E 轴、①轴和⑦轴上的轴线点。如果建筑物尺寸较小，也可用拉细线绳的方法代替经纬仪定线，然后沿细线绳拉钢尺量距。此时要注意细线绳不要碰到物体，风大时也不宜作业。

2. 引测轴线

在基槽或基坑开挖时，定位桩和细部轴线桩均会被挖掉，为了使开挖后各阶段施工能准确地恢复各轴线位置，应把各轴线延长到开挖范围以外的地方并做好标志，这个工作称为引测轴线，具体有设置龙门板和轴线控制桩两种形式。

（1）龙门板法

如图 6-7 所示，在建筑物四角和中间隔墙的两端，距基槽边线约 2m 以外，牢固地埋设大木桩，称为龙门桩，并使桩的一侧平行于基槽；

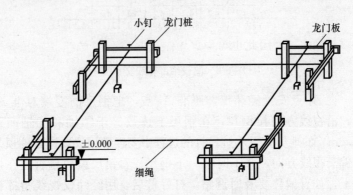

图 6-7　龙门桩与龙门板

根据附近水准点，用水准仪将±0.000 标高测设在每个龙门桩的外侧上，并画出横线标志。如果现场条件不允许，也可测设比±0.000 高或低一定数值的标高线，同一建筑物最好只用一个标高，如因地形起伏大，用两个标高时，一定要标注清楚，以免使用时发生错误；

在相邻两龙门桩上钉设木板，称为龙门板，龙门板的上沿应和龙门桩上的横线对齐，使龙门板的顶面标高在一个水平面上，并且标高为±0.000，或比±0.000 高或低一定的数值，龙门板顶面标高的误差应在±5mm 以内；

根据轴线桩，用经纬仪将各轴线投测到龙门板的顶面，并钉上小钉作为轴线标志，称为轴线钉，投测误差应在±5mm 以内。对小型建筑物，也可用拉细线绳的方法延长轴线，再钉上轴线钉，如事先已打好龙门板，可在测设细部轴线的同时钉设轴线钉，以减少重复安置仪器的工作量；

用钢尺沿龙门板顶面检查轴线钉的间距，其相对误差不应超过 1/3000。恢复轴线时，将经纬仪安置在一个轴线钉上方，照准相应的另一个轴线钉，其视线即为轴线方向，往下转动望远镜，便可将轴线投测到基槽或基坑内。也可用白线将相对的两个轴线钉连接起来，借助于垂球，将轴线投测到基槽或基坑内。

（2）轴线控制桩法

由于龙门板需要较多木料，而且占用场地，使用机械开挖时容易被破坏，因此也可以在基槽或基坑外各轴线的延长线上测设轴线控制桩，作为以后恢复轴线的依据。即使采用了龙门板，为了防止被碰动，对主要轴线也应测设轴线控制桩。

轴线控制桩一般设在开挖边线 4m 以外的地方，并用水泥砂浆加固。最好是附近有固定建筑物和构筑物，这时应将轴线投测在这些物体上，使轴线更容易得到保护，但每条轴线至少应有一个控制桩是设在地面上的，以便今后能安置经纬仪来恢复轴线。

轴线控制桩的引测主要采用经纬仪法，当引测到较远的地方时，要注意采用盘左和盘右两次投测取中法来引测，以减少引测误差和避免错误的出现。

3. 撒开挖边线

如图 6-8 所示，先按基础剖面图给出的设计尺寸，计算基槽的开挖宽度 d。

$$d=B+2mh$$

式中　B——基底宽度，可由基础剖面图查取；

　　　h——基槽深度；

m——边坡坡度的分母。

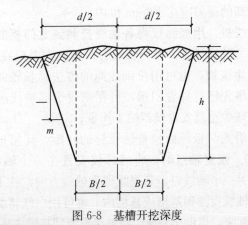

图 6-8　基槽开挖深度

根据计算结果，在地面上以轴线为中线往两边各量出 $d/2$，拉线并撒上白灰，即为开挖边线。如果是基坑开挖，则只需按最外围墙体基础的宽度、深度及放坡确定开挖边线。

6.3　建筑物基础测量

当建筑物放样完毕后，按照基础平面图上的设计尺寸，在地面放出灰线的位置上进行开挖。

6.3.1　基槽抄平

为了控制基槽的挖深，在基槽快要挖到基底设计标高时，应在槽壁上每隔 3～4m 及拐角处测设水平控制桩，使木桩的上顶面距槽底的设计标高为一常数（一般为 0.5m），如图 6-9 所示，沿着桩顶面拉线绳，即可作为清底和垫层标高控制的依据。

所挖基槽呈深基坑状的，叫基坑。若基坑过深，用一般方法不能直接测定坑底位置时，可用悬挂的钢尺代替水准尺，用两次传递的方法来测设基坑设计标高，以监控基坑抄平。

6.3.2　基础垫层上墙中线的测设

基础垫层打好后，在龙门板上的轴线钉之间拉上线绳，用垂球线将基础轴线投测在垫层上（图 6-10），并用墨线将基础轴

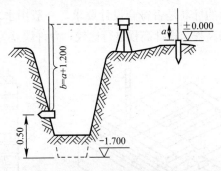

图 6-9　基槽抄平图

线、边线和洞口线在垫层上弹
出来，作为基础施工的依据。
也可在轴线控制桩上安置经纬
仪来投测基础轴线，但务必严
格校核后，方可进行基础的砌
筑施工。

　　若是混凝土基础，在基础
垫层上弹好线后应支设基础模
板，且每隔几米测设一个与模
板顶相平的高程桩。这样，施
工人员可根据高程桩支设模板，
模板支设好后应复查。

6.3.3　基础标高的控制

　　基础的标高是用基础皮数
杆控制的。基础皮数杆是一根

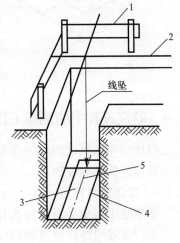

图 6-10　基础轴线的投测
1—龙门板；2—细线；3—垫层；
4—基础边线；5—墙中线

木制的杆子，如图 6-11 所示，在杆上事先按照设计尺寸，将砖、
灰缝厚度画出线条，并标明 ±0.000m 和防潮层等的标高位置。
设立皮数杆时，可先在立杆处打一木桩，用水准仪在木桩侧面
定出一条高于垫层标高某一数值的水平线，然后将皮数杆高度
与其相同的一条线与木桩上的水平线对齐，并用大铁钉把皮数
杆与木桩钉在一起，作为基础墙的标高依据。基础施工结束后，

应检查基础面的标高是否符合设计要求。一般用水准仪测出基础面上若干点的高程与设计高程进行比较，允许误差为±10mm。

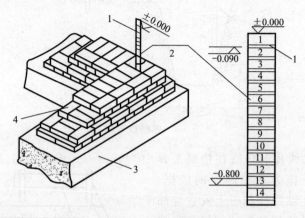

图 6-11　基础墙标高测

6.4　砌筑过程中的测量工作

　　房屋墙体砌筑过程中的测量工作主要是墙体的轴线恢复和墙体各部位的标高控制。

6.4.1　墙体轴线恢复

　　基础施工结束后，应检查控制桩没有发生位移之后，便可利用龙门板或引桩将建筑物轴线测设到基础或防潮层等部位侧面，并用如图 6-12 所示"▼"标记。以此来确定建筑物上部墙体的轴线位置，以便施工人员后续可以此为标记进行墙体的砌筑，亦可作为向上投测轴线的依据。

　　在砌筑时应在基础顶面上投测墙体中心轴线，并据此弹出纵横墙的边线和门窗洞口的位置。

6.4.2　墙体皮数杆设置

　　墙体砌筑施工时，墙身上各部位的标高通常用皮数杆来控制和传递。皮数杆是根据建筑物剖面图画有每皮砖和灰缝的厚度，并注明墙体上窗台、门窗洞口、过梁、雨篷、圈梁、楼板

130

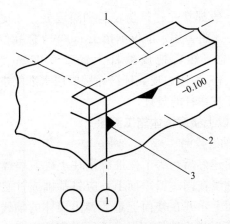

图 6-12 墙外轴线与标高线标注

1—墙中线；2—外墙基础；3—轴线标志

等构件高度位置的专用木杆，如图 6-13 所示。在墙体施工中，用皮数杆可以控制各部位构件的准确位置，并保证每皮砖灰缝厚度均匀，每皮砖都处在同一水平面上。

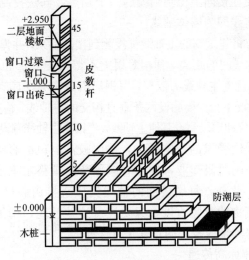

图 6-13 墙体各部件标高控制

皮数杆一般都立在建筑物转角和隔墙处。立皮数杆时，先在地面上打一木桩，用水准仪测出±0.000m标高位置，并画一横线作为标志，然后把皮数杆上的±0.000m线与木桩上±0.000m对齐，钉牢。皮数杆钉好后要用水准仪进行检测，并用垂球来校正皮数杆的竖直。

6.4.3 二层以上楼房墙体施工测量

1. 墙体轴线投测

每层楼面建好后，为了保证继续往上砌筑墙体时，墙体轴线均与基础轴线在同一铅垂面上，应将基础或首层墙面上的轴线投测到楼面上，并在楼面上重新弹出墙体的轴线，检查无误后，以此为依据弹出墙体边线，再往上砌筑。在这个测量工作中，从下往上进行轴线投测是关键。

一般多层建筑常用吊锤线。将较重的垂球悬挂在楼面的边缘，慢慢移动，使垂球尖对准地面上的轴线标志，或者使吊锤线下部沿垂直墙面方向与底层墙面上的轴线标志对齐，吊锤线上部在楼面边缘的位置就是墙体轴线位置，在此画一条短线作为标志，便在楼面上得到轴线的一个端点，同法投测另一端点，两端点的连线即为墙体轴线。

一般应将建筑物的主轴线都投测到楼面上来，并弹出墨线，用钢尺检查轴线间的距离，其相对误差不得大于1/3000，符合要求之后，再以这些主轴线为依据，用钢尺内分法测设其他细部轴线。在困难的情况下至少要测设两条垂直相交的主轴线，检查交角合格后，用经纬仪和钢尺测设其他主轴线，再根据主轴线测设细部轴线。

吊锤线法受风的影响较大，楼层较高时风的影响更大，因此应在风小的时候作业，投测时应等待吊锤稳定下来后再在楼面上定点。此外，每层楼面的轴线均应直接由底层投测上来，以保证建筑物的总竖直度，只要注意这些问题，用吊锤线法进行多层楼房的轴线投测的精度是有保证的。

2. 墙体标高传递

多层建筑物施工中，要由下往上将标高传递到新的施工楼层，以便控制新楼层的墙体施工，使其标高符合设计要求。标高传递一般可有以下两种方法：

（1）利用皮数杆传递标高。一层楼房墙体砌完并建好楼面后，把皮数杆移到二层继续使用。为了使皮数杆立在同一水平面上，用水准仪测定楼面四角的标高，取平均值作为二楼的地面标高，并在立杆处绘出标高线，立杆时将皮数杆的±0.000线与该线对齐，然后以皮数杆为标高的依据进行墙体砌筑。如此用同样方法逐层往上传递高程。

（2）利用钢尺传递标高。在标高精度要求较高时，可用钢尺从底层的+50标高线起往上直接丈量，把标高传递到第二层，然后根据传递上来的高程测设第二层的地面标高线，以此为依据立皮数杆。在墙体砌到一定高度后，用水准仪测设该层的+50标高线，再往上一层的标高可以此为准用钢尺传递，依次类推，逐层传递标高。

6.5 高层建筑物的施工测量

在高层建筑施工过程中有大量的施工测量工作，具体如下。

6.5.1 主要轴线的定位和放线

软土地区高层建筑通常用桩基来增大承载力，桩基础的作用在于将上部建筑结构的荷载传递到土层深处承载力较大的持力层中。高层建筑的基坑较深，一般设计有地下层，且位于市区，施工场地受到局限；其建筑定位大都是根据建筑方格网或建筑红线进行。由于高层建筑的上部荷载主要由桩承受，所以对桩位的定位精度要求较高，一般规定，进行基础桩放样，若是单排桩或群桩中的边桩，其施工放样的允许偏差不得超过±10mm；若为群桩，其施工放样的允许偏差不得超过±20mm。故在定桩位时须依据施工控制网，先定出控制轴线并进行校核，检查无误后再按设计的桩位图逐一定出桩位，完成桩位的测设工作。

（1）主要轴线定位

高层建筑的施工控制网一般都有一条或两条主轴线。因此，轴线定位时可按照与主控制轴线的关系，再依据场地上控制轴线逐一定出建筑物的柱列线（或轮廓线）。对于一些复杂的建筑物，可以使用全站仪进行定点。计算轮廓点坐标、曲线半径、圆心坐标及施工控制网点的坐标等，然后在控制点上安置全站仪建立测站，采用极坐标法完成点的实地测设。将所有点定出后再行检查，以确保测设工作满足设计要求：

（2）桩基位置测设

建筑物的轴线定好之后，即可依据轴线来测设各桩位。由于桩的排列随建筑物形状、基础结构的不同而异，格网形状是最简单的排列形式，根据定位轴线精确地测设出格网的四个角点即可。若是群桩、单排桩、双排桩。测设时一般是按照"先整体、后局部，先外廓、后内部"的顺序进行。

测设出的桩位均用小木桩标示其位置，且应在木桩上用中心钉标示桩的中心位置，用于校核。

校核方法一般是：根据轴线，重新在桩顶上测设出桩的设计位置，并标明。然后量出桩中心与设计位置的纵、横向两个偏差值，若其偏差值在允许范围内即可进行下一道工序。

（3）桩深度的测设

桩的灌注施工还需进行桩的灌入深度的测设，一般是根据施工场地上已测设的±0.000 标高测定桩位的地面标高，依据桩顶设计标高、桩长计算出各桩应灌入的深度，进行测设。同时，还应利用经纬仪来控制桩的垂直度。

6.5.2 高层建筑物的轴线投测

高层建筑物的基础工程完成后，为保证后期施工中各层的相应轴线能处于同一竖直平面内，应进行建筑物各楼层轴线投测工作。在轴线投测前，为保证投测精度，首先须向基础平面引测轴线控制点。由于工程中采用流水施工，当第一层柱子施工好后立即开始围护结构的砌筑，原有的轴线控制标桩与基础之间的通视即被阻断，因而必须在基础面上直接标定出各轴线标志。

1. 经纬仪引桩投测法

当施工场地比较宽阔时，可采用经纬仪引桩投测法进行轴线的投测。分别在建筑物纵、横轴线控制桩上安置经纬仪，就可将建筑物的主轴线点投测到上部同一楼层面上，各轴线投测点之间的连线就是该层楼面上的主轴线，据此主轴线按该楼层的平面图中的尺寸测设出其他轴线。最后进行检测，确保投测精度。

具体操作如下：

（1）在建筑物底部投测中心轴线位置

基础工程完工后，将经纬仪安置在轴线控制桩 A_1、A_1'、B_1 和 B_1' 上，把建筑物主轴线精确地投测到建筑物的底部，并设立标志，如图 6-14 中的 a_1、a_1'、b_1 和 b_1'。

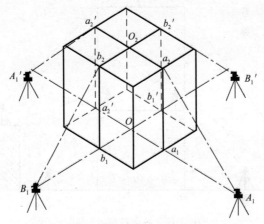

图 6-14　经纬仪投测中心

（2）向上投测中心线

随着建筑物不断升高，要逐层将轴线向上传递，如图 6-14 所示，将经纬仪安置在中心轴线控制桩 A_1、A_1'、B_1 和 B_1' 上，严格整平仪器，用望远镜瞄准建筑物底部已标出的轴线 a_1、a_1'、b_1 和 b_1' 点，用盘左和盘右分别向上投测到每层楼板上，并取其中点作为该层中心轴线的投影点，如图 6-14 中的 a_2、a_2'、b_2 和 b_2'。

（3）增设轴线引桩

当楼房高度渐渐增加，轴线控制桩距建筑物又较近时，会对测量造成不便，投测精度也会降低。因此，要将原中心轴线控制桩引测到更远的安全地方。

具体做法是：

将经纬仪安置在已经投测上去的较高层楼面轴线 $a_{10}a'_{10}$ 上，如图 6-15 所示，瞄准地面上原有的轴线控制桩 A_1 和 A'_1 点，用盘左、盘右分中投点法，将轴线延长到远处 A_2 和 A'_2 点，并用标志固定其位置，A_2、A'_2 即为新投测的 $A_1A'_1$ 轴控制桩。

更高各层的中心轴线，可将经纬仪安置在新的引桩上，按上述方法继续进行投测。

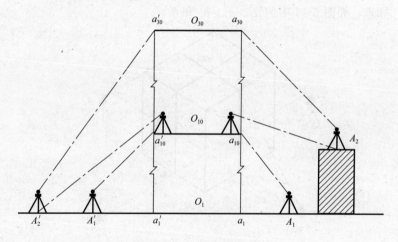

图 6-15　经纬仪引桩投测

2. 内控法投测轴线

在建筑物密集的建筑区，由于施工场地狭小，无法在建筑外侧位置安置仪器时，可采用内控法进行轴线投测。投测之前，必须在建筑物基础面上布设室内轴线控制点，并在各层楼板相应位置上预留 200mm×200mm 的传递孔，然后依据垂准线原理将各轴线点向建筑物上部各层进行投测，作为各层轴线测设的依据。

具体操作方法为：

（1）内控法轴线控制点的设置

在基础施工完毕后，在首层平面上，适当位置设置与轴线平行的辅助轴线。一般辅助轴线距轴线为 $500\sim800\text{mm}$，并在辅助轴线交点或端点处埋设标志。如图 6-16 所示。

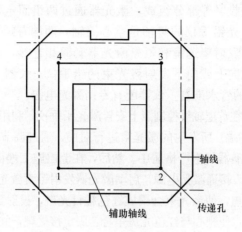

图 6-16　内控法轴线控制点的设置

（2）吊线坠法

吊线坠法是利用钢丝悬挂重锤球的方法，进行轴线竖向投测。一般建筑物高度在 $50\sim100\text{m}$ 比较适合。投测方法如下：

如图 6-17 所示，在预留孔上面安置十字架，挂上锤球，对准首层预埋标志。当锤球线静止时，固定十字架，并在预留孔四周做出标记，作为以后恢复轴线及放样的依据。此时，十字架中心即为轴线控制点在该楼面上的投测点。

用吊线坠法实测时，要采取一些必要措施，如用铅直的塑料管套着坠线或将锤球沉浸于油中，以减少摆动。

（3）激光铅垂仪法

激光铅垂仪是一种专用的铅直定位

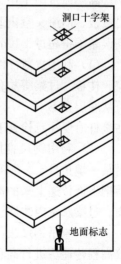

图 6-17　吊线坠法
投测轴线

仪器。适用于高层建筑物、烟囱及高塔架的铅直定位测量。主要由氦氖激光管、精密竖轴、发射望远镜、水准器、基座、激光电源及接收屏等部分组成。激光器通过两组固定螺钉固定在套筒内。激光铅垂仪的竖轴是空心筒轴，两端有螺扣，上、下两端分别与发射望远镜和氦氖激光器套筒相连接，两者位置可对调，构成向上或向下发射激光束的铅垂仪。仪器上设置有两个互成 90°的管水准器，仪器配有专用激光电源。

使用时在首层轴线控制点上安置激光铅垂仪，利用激光器底端（全反射棱镜端）所发射的激光束进行对中，通过调节基座整平螺旋，使管水准器气泡严格居中。然后，在上层施工楼面预留孔处，放置接受靶。接通激光电源，启动激光器发射铅直激光束，通过发射望远镜调焦，使激光束会聚成红色耀目光斑，投射到接受靶上。移动接受靶，使靶心与红色光斑重合，固定接受靶，并在预留孔四周作出标记，此时，靶心位置即为轴线控制点在该楼面上的投测点。

6.5.3　高层建筑施工高程传递

高层建筑施工中，要由下层楼面向上层传递高程，以使上层楼板、门窗、室内装修等工程的标高符合设计要求。楼面标高误差不得超过±10mm。传递高程的方法有以下几种。

(1) 利用皮数杆传递高程。皮数杆自±0.000 标高线起，门窗、楼板、过梁等构件的标高都已标明。底层楼砌筑好后，则可从底层皮数杆一层一层往上接，即可将标高传递到各楼层。在接杆时要注意检查下层皮数杆位置是否正确。

(2) 利用钢尺直接丈量。若标高精度要求较高，可用钢尺沿某一墙角自±0.000 标高处起直接丈量，把高程传递上去，然后把下面传递上来的高程立皮数杆作为该层墙身砌筑和安装门窗、过梁及室内装修、地坪抹灰时控制标高的依据。

(3) 悬吊钢尺法。根据高层建筑物的具体情况也可用水准仪高程传递法进行高程传递，不过此时需用钢尺代替水准尺作为数据读取的工具，从下向上传递高程。如图 6-18 所示，由地面已知高程点 A 向建筑物楼面 B 传递高程，先从楼面上悬挂一支钢尺，钢尺下端挂重锤。然后，在地面及楼面上各安置一台水准仪，按水准测量方法同时读取 a_1、b_1 及 a_2 读数，则可计算出楼面 B 上设计标高为 H_B 的测设数据 $b_2 = H_A + a_1 - b_1 + a_2 - H_B$，据此可测设出楼面 B 的标高位置。

（4）全站仪天顶测高法。如图 6-19 所示，利用高层建筑中的传递孔，在底层高程控制点上安置全站仪，置平望远镜（显示屏上显示垂直角为 0°或天顶距为 90°）；然后将望远镜指向天顶方向（天顶距为 0°或垂直角为 90°），在需要传递高程的层面传递孔上安置反射棱镜，即可测得仪器横轴至棱镜横轴的垂直距离，加仪器高，减棱镜常数，就可以算得两层面间的高差，据此即可计算出测量层面的标高。

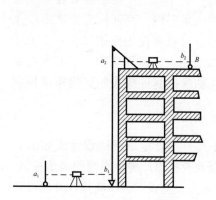

图 6-18　水准仪高程传递法

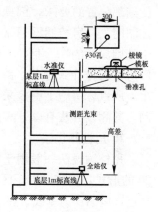

图 6-19　全站仪测距法传递高程

6.6　工业厂房的施工测量

工业建筑主要指工业企业的生产性建筑，如厂房、仓库、运输设施、动力设施等，其主体是生产厂房。一般厂房多是金属结构及装配式钢筋混凝土结构单层厂房，其放样的内容与民用建筑大致类似。工业建设场地施工测量内容包括施工控制网的建立、工程的施工放样以及竣工测量。其施工控制网一般分两级布设，即厂区控制网和厂房控制网。

6.6.1 厂区施工控制网布设

在工业建筑的施工中，放样时各厂房轴线以及各生产车间的联系设备，首先应布设在整个场地起总体控制作用的厂区施工控制网。根据场地地形、地物以及拟建工程的实际情况，厂区控制网可布设成矩形网、导线网、边角网、GPS 网等形式。在根据建筑限差确定厂区控制网的精度时，应以最小建筑限差为准（例如，跨越生产车间的皮带传送系统）。当厂区面积小于 $1km^2$ 时，可只布设二级矩形控制网。实际应用时，首级网是否以二级网全面加密，要根据具体情况而定。

6.6.2 厂房矩形网的测设

由于厂区控制网点的分布较稀，无法满足用以放样建筑物的细部位置的要求，因此对每一个车间、厂房还需要建立厂房控制网。厂房控制网通常布设成矩形网。离开厂房距离不应小于基础深度的 1.5 倍，并考虑所设点要便于使用和保存。由于厂房多为排柱式建筑，跨度和间距大，但隔墙少、平面布置简单，所以厂房施工中多采用柱轴线控制桩组成的厂房矩形控制网，其测设方法有以下两种。

1. 角桩测设法

角桩测设法一般用于中小型厂房，矩形网可设计成如图 6-20 的形式。首先，以厂区控制网放样出厂房矩形网的两角桩 A、B 点，以 AB 为基线，在 A、B 点上测设 C、D 两点，并埋设距离指标桩。对角度和边长进行检测调整。

2. 主轴线测设法

对于大型的、精度要求较高的厂房控制网。首先根据厂区控制网定出厂房矩形控制网的主轴线，先进行主轴线的测设，如图 6-21 中以轴线 AOB 和轴线 COD 为基础，然后在 A、B、C、D 四点架设经纬仪或全站仪，以 O 点为后视点用直角交汇法进行扩展加密放出各主要角点 N_1、N_2、N_3、N_4。矩形网的主轴线，一般应与厂房主轴线或主要设备基础的轴线相一致。设置距离指示桩时，间距应为厂房柱子间距的整数倍。矩形网的

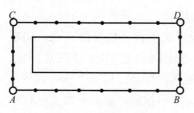

图 6-20　角桩测设法

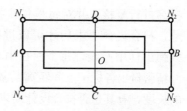

图 6-21　主轴线测设法

轴线点、角点以及重要设备轴线定位点，应埋设顶部带有金属板的混凝土标桩。其他的距离指示标桩等，可根据需要采用木桩或固定桩。当埋设的标桩稳定之后，按规定精度对矩形网进行观测、平差计算，求出各角桩点平差值，并和各桩点设计坐标比较，在金属标板上进行归化改正；最后，再精确放定各距离标桩中心。

　　厂房控制网的精度，以钢结构或设备安装精度较高的大型厂房为最高，钢筋混凝土结构的有桥式吊车的厂房次之，没有以上要求的建筑一般要求不高。具体精度按照现行规范执行。

6.6.3　柱基放线

　　根据柱轴线控制桩定出各柱基的位置，如图 6-22 所示，按基坑尺寸撒出基槽灰线即可开挖。当基坑快挖到坑底时，在坑壁上测设距坑底设计高程 0.5m 的水平桩，作为控制清底和打垫层的依据。当垫层打好后，根据定位桩在垫层上弹出基础轴线和边线作为支模板和布置钢筋的依据。

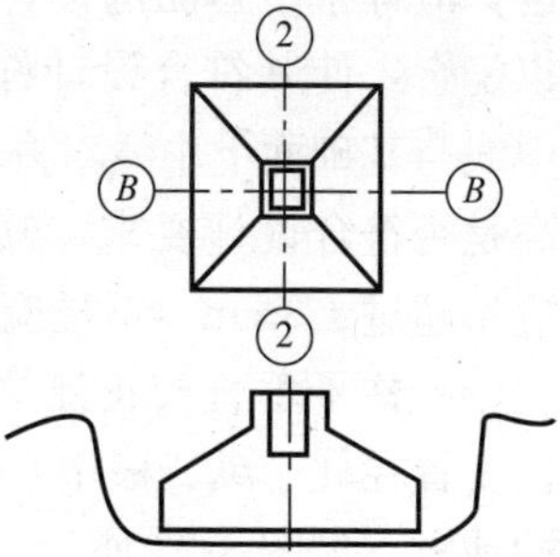

6.6.4　厂房预制构件安装测量

　　工业厂房一般多用预制构件

图 6-22　柱基定位

现场安装的方法施工。结构安装工程主要包括柱子、吊车梁、吊车轨、屋架等安装工作。

　　1. 柱子安装前的准备工作

　　柱子安装前，要对基础中心线及其间距、基础顶面和杯底标高进行复核，并对每根柱子按轴线位置进行编号同时检测尺寸，符合设计要求后才可以进行安装工作。柱身的三面，用墨线弹出柱中心线，每个面在中心线上画出上、中、下三点标记，并精密量出各标记点间距离。调整杯底标高、检查牛腿面到柱底的长度，看其是否符合设计要求；如不相符，就要根据实际柱长修整杯底标高，以使柱子吊装后牛腿面的标高基本符合设计要求。

具体做法是：

（1）在杯口内壁测设某一标高线。然后根据牛腿面设计标高，用钢尺在柱身上量出±0.000和某一标高线的位置，并涂画红三角"▼"标志。分别量出杯口内某一标高线至杯底高度、柱身上某一标高线至柱底高度，并进行比较，以修整杯底，高的地方凿去一些，低的地方用水泥砂浆填平，使柱底与杯底相吻合。

（2）柱子安装时的测量。为保证柱子的平面和高程位置均符合设计要求，且柱身垂直，在预制钢筋混凝土柱吊起插入杯口后，应使柱底三面中线与杯口中线对齐，并用硬木楔或钢楔作临时固定，如有偏差可用锤敲打楔子拨正。其偏差限值为±5mm。钢柱吊装时要求基础面设计标高加上柱底到牛腿面的高度，应等于牛腿面的设计标高。安放垫板时须用水准仪抄平予以配合，使其符合设计标高。钢柱在基础上就位以后，应使柱中线与基础面上中线对齐。柱子立稳后，即应观测±0.000点标高是否符合设计要求，其允许误差，一般的预制钢筋混凝土柱应不超过±3mm，钢柱应不超过±2mm。

（3）柱子垂直校正测量。柱子垂直校正测量，应将两架经纬仪安置在柱子纵、横中心轴线上，且距离柱子约为柱高的1.5倍的地方，如图6-23所示，先照准柱底中线，固定照准部，再逐渐仰视到柱顶，若中线偏离竖丝，表示柱子不垂直，可指挥施工人员用拉绳调节、支撑或敲打楔子等方法使柱子垂直。经校正后，柱的中线与轴线偏差不得大于±5mm；柱子垂直度容许误差为$H/1000$，当柱高在10m以上时，其最大偏差不得超过±20mm；柱高在10m以内时，其最大偏差不得超过图6-23柱子垂直校正测量±10mm。满足要求后，要立即灌浆，以固定柱子位置。

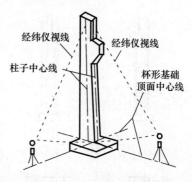

图 6-23　柱子垂直校正测量

在实际工作中，一般是一次把成排的柱子都竖起来，然后再进行垂直校正。这时可把两台经纬仪分别安置在纵、横轴线一侧，偏离中线不得大于 3m，安置一次仪器即可校正几根柱子。但在这种情况下，柱子上的中心标点或中心墨线必须在同一平面上，否则仪器必须安置在中心线上。

2. 吊车梁的安装测量

吊车梁安装测量主要是保证吊车梁中线位置和吊车梁的标高满足设计要求。

（1）吊车梁安装前的准备工作

图 6-24　吊车梁中线

在柱面上量出吊车梁顶面标高。根据柱子上的±0.000m 标高线，用钢尺沿柱面向上量出吊车梁顶面设计标高线，作为调整吊车梁面标高的依据。然后，在吊车梁上弹出梁的中心线，如图 6-24 所示，作为安装定位的依据。根据厂房中心线，在牛腿面上投测出吊车梁的中心线，投测方法如下。

如图 6-25（a）所示，利用厂房中心线 A_1A_1，根据设计轨道间距，在地面上测设出吊车梁中线（也是吊车轨道中心线）$A'A'$ 和 $B'B'$。在吊车梁中心线的一个端点 A'（或 B'）上安置经纬仪，瞄准另一个端点 A（或 B），固定照准部，抬高望远镜，即可将吊车梁中心线投测到每根柱子的牛腿面上，并用墨线弹出梁的中心线。

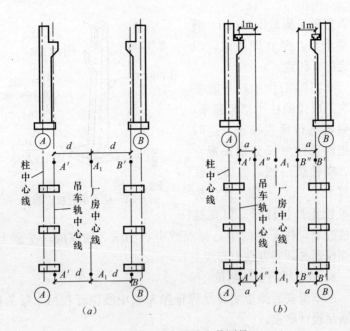

图 6-25　吊车梁的安装测量

（2）吊车梁的安装测量

安装时，使吊车梁两端的梁中心线与牛腿面梁中心线重合，使吊车梁初步定位。采用平行线法，对吊车梁的中心线进行检测，校正方法如下：

1）如图 6-25（b）所示，在地面上，从吊车梁中心线向厂房中心线方向量出长度 a（1m），得到平行线 $A''A''$ 和 $B''B''$。

2）在平行线一端点 A''（或 B''）上安置经纬仪，瞄准另一端点 A''（或 B''），固定照准部，抬高望远镜进行测量。

3）此时，另外一人在梁上移动横放的木尺，当视线正对准尺上 1m 刻画线时，尺的零点应与梁面上的中心线重合。如不重合，可用撬杠移动吊车梁，使吊车梁中心线到 $A''A''$（或 BB''）的间距等于 1m 为止。

吊车梁安装就位后，先按柱面上定出的吊车梁设计标高线，对吊车梁面进行调整，然后将水准仪安置在吊车梁上，每隔 3m

测一点高程，并与设计高程比较，误差应在±5mm以内。

（3）吊车轨道安装测量

这项工作的目的是保证轨道中心线和轨道顶标高符合设计要求。主要工作是检查测量。

1）吊车轨道安装前的准备工作

轨道中心线在安装吊车梁时已测设，并经过严格校正，所以，此时主要工作是测出轨道的垫板标高。根据柱子上端测设的标高点，测出轨道垫板标高，使其符合设计要求，以便安装轨道。梁面垫板标高的测量允许偏差为±2mm。

2）吊车轨道安装及检查测量

准备工作做好后，即可以安装吊车轨道。吊车梁安装好以后，必须检查吊车轨道中心线是否成一条直线、轨道跨距及轨道顶标高是否符合设计要求。检查结果要做出记录，作为竣工资料提出。检测方法及要求如下：

① 轨道中心线的检查安置经纬仪于吊车梁上，照准预先在墙上或屋架上引测的中心线两端点，用正倒镜法将仪器中心移至轨道中心线上，然后每隔18m投测一点，检查轨道的中心是否在一条直线上，允许偏差为±2mm，否则应重新调整轨道。

② 轨道跨距检查在两条轨道对称点上，用钢尺精密丈量其跨距尺寸，实测值与设计值相差不得超过±（3~5）mm，否则应予以调整。轨道安装中心线经调整后，必须保证轨道安装中心线与吊车梁实际中心线的偏差允许值在±10mm以内。

③ 轨顶标高检查。吊车轨道安装后，必须根据在柱子上端测设的标高点（水准点）用水准仪检查轨顶标高。在两轨接头处各测一点，中间每隔6m测一点，允许误差为±2mm。

上述安装测量属于高空作业，应注意人身和仪器的安全。作业中需配备特制的仪器架及其固连设备，有时还需要搭设观测平台。

3. 屋架安装测量

（1）屋架安装前的准备工作

屋架吊装前，用经纬仪或其他方法在柱顶面上测设出屋架定位轴线，并在屋架两端弹出屋架中心线，以便进行定位。

（2）屋架的安装测量及要求

屋架吊装就位时，应使屋架的中心线与柱顶面上的定位轴线对准，允许误差为±5mm。屋架的垂直度可用锤球或经纬仪进行检查。用经纬仪检校方法如下。

1）如图6-26所示，在屋架上安装三把卡尺，一把卡尺安装在屋架上弦中点附近，另外两把分别安装在屋架的两端。自屋架几何中心沿卡尺向外量出一定距离，一般为500mm，做出标志。

2）在地面上，距屋架中线同样距离处，安置经纬仪，观测三把卡尺的标志是否在同一竖直面内，如果屋架竖向偏差较大，则用机具校正，最后将屋架固定。

3）垂直度允许偏差：薄腹梁为±5mm，桁架为屋架高的1/250。

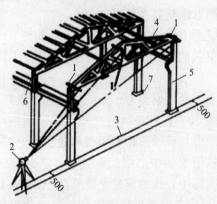

图6-26 屋架安装测量

1—卡尺；2—经纬仪；3—定位轴线；4—屋架；5—柱；6—吊车梁；7—柱基

6.7 新技术在施工测量中的应用

6.7.1 GPS 全球定位系统

GPS（Global Positioning System，GPS）是一种以人造卫星为基础的空间站无线电定位、全天候导航和授时系统。其用户数不受限制，是美军20世纪70年代开始研制历时20年，耗资 200 亿美元，在 1994 年全面建成的新一代卫星导航和定位系统。目的是提供其他任何导航系统所达不到的全球范围的连续导航服务。GPS 的研制最初主要用于军事目的。如为陆海空三军提供实时、全天候和全球性的导航服务，并用于情报收集、核爆监测、应急通信和爆破定位等。随着 GPS 系统步入试验和实用阶段，其定位技术的高度自动化及所达到的高精度和巨大的潜力，引起了各国政府的普遍关注，同时引起了广大测量工作者的极大兴趣。特别是近几年来，GPS 定位技术广泛用于测绘、土地利用、城镇规划、地球资源与管理、石油地质勘测。GPS 的全天候、高精度、自动化、高效益等特性在路线测量与放样等领域，发挥着巨大的作用。

1. GPS 的特点

（1）全天候作业。GPS 接收机可以在任何地点（卫星信号不被遮挡的情况下），任何时间连续地进行观测，一般不受天气状况的影响。

（2）高精度的三维定位。GPS 可以精密测定测站的平面坐标和大地高程。在小于 50km 的基线上，其相对定位精度可达到 $(1\sim2)\times10^{-6}$；而在 $100\sim500$km 的基线上，其相对定位精度可达到 $1\times10^{-6}\sim1\times10^{-7}$。随着观测技术与数据处理方法的不断改进，可望在大于 1000km 的距离上，相对定位精度可达到或优于 10^{-8}。

（3）操作简便。GPS 测量的自动化程度较高，观测时，测量员的主要任务是安置并开关仪器，量取仪器高，监视仪器的工作状态等。GPS 接收机自动完成观测工作，包括卫星的捕获、跟踪观测和记录等。GPS 接收机质量轻、体积小，携带也方便。

（4）观测时间短。利用经典的静态定位方法，完成一条基线的相对定位所需要的观测时间，根据精度要求的不同，一般需要 $1\sim3$h。为了进一步缩短观测时间，提高作业速度，出现了短基线快速 GPS 相对定位技术，其观测时间仅需数分钟。实时动态 GPS 定位技术（RTK）在一定范围内可提供厘米级的实时三维定位结果，同时观测时间仅需几秒钟。

（5）测站之间无须通视。GPS 测量不要求测站之间相互通视，这一优点可以大大减少测量工作的经费、时间和难度，同时也使观测点位的选择变得更为灵活，为了保证 GPS 卫星信号的接收不被遮挡，测站的上空必须有足够的开阔度。

2. GPS 的组成

GPS 系统由以下三大部分组成，分别是空间星座部分、地面监控部分和用户设备部分。

空间星座部分：

全球定位系统的空间卫星星座由 21 颗工作卫星和 3 颗随时可以启用的备用卫星所组成。如图 6-27 所示，24 颗卫星均匀分布在 6 个轨道面内，每个轨道面均匀分布有 4 颗卫星。卫星轨道平面相对地球赤道面的倾角均为 55°，各轨道平面升交点的赤经相差 60°，在相邻轨道上，卫星的升交距角相差 30°。卫星平均高度约为 20200km，卫星运行周期为 11 小时 58 分。因此，同一观测站上，每天出现的卫星分布图形相同，只是每天提前约 4min。地面观测者见到地平面上的卫星颗数随时间和地点的

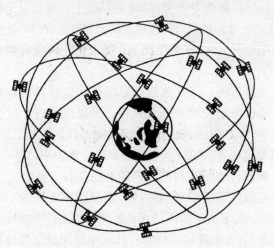

图 6-27　全球定位系统空间卫星星座示意图

不同而异，最少为 4 颗，最多为 11 颗。其工作卫星在空间的分布保障了在地球上任何时刻、任何地点均至少可以同时观测到 4 颗卫星，加之卫星信号的传播和接收机不受天气的影响，因此 GPS 是一种全球性、全天候的连续实时定位系统。

空间部分的 3 颗备用卫星，将在必要时根据指令代替发生故障的卫星，这对于保障 GPS 空间部分正常而高效工作是极其重要的。

工作卫星的主体呈圆柱形，直径约为 15m，重约 774kg，星体两侧各有一块太阳能电池翼板，其面积为 72m^2，能自动对准太阳，以保证卫星正常工作用电。卫星姿态调整采用三轴稳定方式，使螺旋天线阵列所辐射的波速对准卫星的可见地面。整体构造如图 6-28 所示。

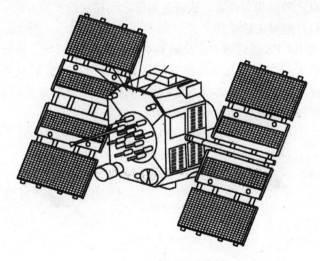

图 6-28　工作卫星示意图

GPS 卫星的作用是向广大用户连续发送定位信息。接收和储存由地面监控站发来的卫星导航电文等信息，并适时地发送给广大用户。并执行由地面监控站发来的控制指令，适时地改正运行偏差或启用备用卫星等。通过星载的高精度铷原子钟和铯原子钟，提供精密的时间标准。

3. GPS 定位原理

GPS 的定位方法，若按用户接收机天线在测量中所处的状态来分，可分为静态定位和动态定位；若按定位的结果来分，可分为绝对定位和相对定位。

静态定位，即在定位过程中，接收机天线（观测站）的位置相对于周围地面点而言，处于静止状态；而动态定位则正好相反，即在定位过程中，接收机天线处于运动状态，定位结果是连续变化的。

绝对定位也称单点定位，是利用 GPS 独立确定用户接收机天线（观测站）在 WGS-84 坐标系中的绝对位置。相对定位则是在 WGS-84 坐标系中确定接收机天线（观测站）与某一地面参考点之间的相对位置，或两观测站之间相对位置的方法。

（1）绝对定位原理

利用 GPS 进行绝对定位的基本原理为：以 GPS 卫星与用户接收机天线之间的几何距离观测量 ρ 为基础，并根据卫星的瞬时坐标 (X_s, Y_s, Z_s)，以确定用户接收机天线所对应的点位，即观测站的位置，如图 6-29 所示。

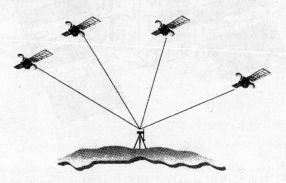

图 6-29　GPS 绝对定位图

设接收机天线的相位中心坐标为 (X, Y, Z)，则有：

$$\rho = \sqrt{(X_s - X)^2 + (Y_s - Y)^2 + (Z_s - Z)^2}$$

卫星的瞬时坐标 (X_s, Y_s, Z_s) 可根据导航电文获得，所

以式中只有 X、Y、Z 三个未知量，只要同时接收 3 颗 GPS 卫星，就能解出测站点坐标 (X, Y, Z)。可以看出，GPS 单点定位的实质就是空间距离的后方交会。

（2）相对定位原理

GPS 相对定位，一般也称为差分 GPS 定位，是目前 GPS 定位中精度最高的一种定位方法。如图 6-30 所示，其基本定位原理是用两台 GPS 用户接收机分别安置在基线的两端，并同步观测相同的 GPS 卫星，以确定基线端点（测站点）在 WGS-84 坐标系中的相对位置或称基线向量。

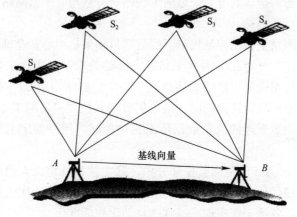

图 6-30　GPS 相对定位图

4. 地面监控部分

为了确保 GPS 系统的良好运行，地面监控系统发挥了极其重要的作用。其主要任务是：监视卫星的运行；确定 GPS 时间系统；跟踪并预报卫星星历和卫星钟状态；向每颗卫星的数据存储器注入卫星导航数据。

地面监控部分包括一个主控站、三个注入站和五个监测站。

（1）主控站

主控站设在美国本土科罗拉多州斯本斯空间联合执行中心。除负责管理和协调整个地面监控系统的工作外，其主要任务是根据本站和其他监测站的所有跟踪观测数据，计算各卫星的轨道参数、钟差参数及大气层的修正参数，编制成导航电文并传送至各注入站；主控站还负责调整偏离轨道的卫星，使之沿预定轨道运行。必要时启用备用卫星代替失效的工作卫星。

（2）注入站

三个注入站分别设在南大西洋的阿松森群岛、印度洋的狄哥加西亚岛和南太平洋的卡瓦加兰岛。其主要任务是将主控站发来的导航电文注入相应卫星的存储器，每天注入三四次。此外，注入站能自动向主控站发射信号，每分钟报告一次自己的工作状态。全球共有 3 个地面天线站，分别与 3 个监测站重合。

（3）监测站

监测站是在主控站控制下的数据自动采集中心。全球共有 5 个监测站，分布在美国本土和三大洋的美军基地上，主要任务是为主控站提供卫星的观测数据。每个监测站均用 GPS 接收机对可见卫星进行连续观测，以采集数据和监测卫星的工作状况，所有观测数据连同气象数据传送到主控站，用以确定卫星的轨道参数。

整个 GPS 的地面监控部分中，除主控站外均无人值守。各站间用现代化的通信网络联系起来，在原子钟和计算机的精确控制下，各项工作实现了高度的自动化和标准化。

5. 用户设备部分

GPS 用户设备部分主要包括：GPS 接收机及天线，微处理器及终端设备及电源等。而其中接收机和天线，是用户设备的核心部分，一般习惯上统称为 GPS 接收机。接收机的主要功能有解码、分离出导航电文，进行相位和伪距（本机接收时间和卫星发射时刻之间测量信号的时间漂物）测量。它由天线、前置放大器、信号处理单元、控制和显示单元、记录单元、供电单元组成。GPS 接收机自发展以来已更新三代，新的接收机重量轻、体积小、耗电少、速度快、操作简单、使用方便且价格逐渐下降。

接收机的种类繁多，有双频接收机（P 码），其相对定位精度为 5mm＋lppm，单频接收机（C/A 码），其相对定位精度为 10mm±2ppm，用户可根据需要选择相应的 GPS 接收机。图 6-31 为 WILD-200 型 GPS 接收机构造图。

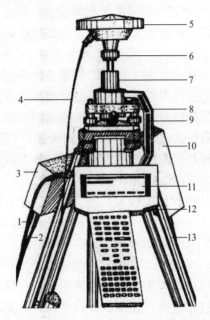

图 6-31　WILD-200 型 GPS 接收机构造图

1—2.8m 电缆（控制器-SR261 传感器）；2—1.8m 电缆（SR261 传感器-电池）；
3—SR261 传感器；4—2.8m 电缆（AT201-SR261）；5—AT201 外接天线；
6—适配器；7—仪器台；8—三角基座；9—测高标尺；10—小电池；11—控制器；
12—挂钩；13—三脚架

美国天宝导航公司已研制出新型 GPS 导航测量全站仪，即 RTK（Real-Time Kinematical）定位技术。该产品扩展了测量员获得实时定位的数据，能在现场瞬时测出三维位置或放样出设计的坐标，可得到 2cm±2ppm 的定位精度，并在能收到 GPS 信号的任何地方进行测量和放样，同时有较大的电子手簿 TDC1 和配套的测图软件 TRIMMAP，使得操作和处理十分方便。

RTK 全站仪将测量技术同移动数据通信相结合，可克服常规测量技术在地形测量、界限、标桩和土地控制测量中的施测逻辑限制，它以较少的仪器配置，在每个测站上花费较少的时间，完全避免重测和误操作。此项技术已广泛地应用于各个领域。我国自 1994 年起，陆续引进此类设备，并已实际应用于生产，越来越多的工程技术人员开始关注此项技术在国内的应用情况。

另外，GPS 技术有别于传统的测量方法，它的原始观测值是以装有天线的接收机接收卫星反射载波频率获得相位差，然后对接收的数据加以分析处理，算出各点的三维地心坐标中的基线向量，然后根据已知点的坐标高程推算各 GPS 控制点的坐标和高程。这种利用卫星作为共同基准，各点间无须通视的观测方法，为点址的选择提供了极大的方便。

GPS 数据处理软件也较为先进，功能齐全、内容丰富、使用简单。用该软件可以把 GPS 接收机外业测量的数据进行分析处理，得出满足用户要求的坐标数据。

6. GPS 技术在道路工程测量中的应用

GPS 技术已广泛应用于线路控制测量，它具有常规测量技术不可比拟的技术优势：速度快、精度高、不要求点间的通视等。然而，GPS 技术在工程应用中，必须充分顾及服务对象的特点，道路是蜿蜒伸展的细长型工程构造物，高等级公路常常长达数百公里甚至上千公里，对其建立的测量控制点必须紧随线路并贯通全线，所测定的测量控制点必须可靠，并要求点位之间具有较高的相对精度。

目前，公路路线 GPS 网的施测方案基本上有两个：一是所有路线控制点全部采用 GPS 技术施测，即沿线纵向每隔 500～1000m 布设一个 GPS 点，相邻 GPS 点之间相互通视，便于施测带状地形图和放样；二是沿路线纵向每隔 5～10km 布设一对 GPS 点（一对点包括一个控制点和一个定向点），作为路线的基本控制点，在此基础上，再进行光电测距导线加密。所以，

GPS 定位技术在道路工程测量中的应用前景极为广阔，如同光学经纬仪替代游标经纬仪、全站仪替代常规测角、测高仪器一样，随着 GPS 定位技术的进一步开发利用，该技术在道路工程建设的各个阶段（勘测、施工、养护、运营）将得到普遍应用，并会发挥巨大的作用，收到显著的经济效益。

6.7.2 RS 技术

RS 技术即遥感技术，其英文名称为 Remote Sensing。遥感是遥远感知事物的意思，也就是不直接接触物体，在距离物体几公里甚至上千公里的飞机、飞船、卫星上，使用传感器接收地面物体反射或发射的电磁波信号，并以图像胶片或数据磁带的形式记录下来，传输到地面，经过信息处理、判读、分析和野外实地验证，最终服务于资源勘探、动态监测或规划决策。将这一接收、传输、处理、分析、判读和应用遥感信息的全过程，称为遥感技术，遥感具有感测面积大、获取资料速度快、受地面条件限制少以及可连续进行、反复观察等优点。

遥感技术之所以能够探测不同的物体，是因为物体本身具有不同的电磁波辐射或反射特性。不同的物体在一定的温度条件下发射不同波长的电磁波，他们对太阳辐射和人工发射的电磁波具有不同的反射、吸收、透射和散射特性。根据这种电磁波辐射理论，我们就可以利用各种传感器获得它们的影像信息，以达到识别物体大小、类型和属性的目的。

遥感技术系统由四部分组成：

（1）空间信息采集系统

空间信息采集系统主要包括遥感平台和遥感器两部分。遥感平台是装载传感器的运载工具。遥感平台的种类很多，按平台距地面高度的不同可分为地面平台、航空平台和航天平台。遥感器是收集、记录被测目标的特征信息并将这些特征信息发送至地面接收站的设备。

（2）地面接收和预处理系统

遥感信息是指航空遥感或航天遥感所获取的记录在感光胶

卷或磁带上的信息数据包括被测物体的信息数据和运载工具上设备环境的数据。

1）遥感信息的接收

遥感信息向地面传输有两种方式，即直接回收和视频传输。直接回收是指传感器将物体反射或发射的电磁波信息记录在感光胶卷或磁带上，待运载工具返回地面后再传送给地面接收站；视频传输是指传感器将接收到的物体反射或发射的电磁波信息，经过光电转换，通过无线电传送到地面接收站。

2）遥感信息的预处理

由于受传感器的性能、遥感平台姿态的不稳定、地球曲率、大气折光及地形差别等多种因素的影响，地面接收站接收到的遥感信息总有不同程度的失真，因此，必须将接收到的信息经过一系列校正后才能使用。遥感信息的预处理主要包括收集传感器所接收到的遥感数据和运载工具上设备环境的数据、目标物体的光谱特性以及地面实况调查的资料，将传感器接收和记录的原始数据转换成容易使用的数据；将遥感数据进行辐射校正和几何校正以便消除图像方面的失真和干扰以及图像的几何变形；将全部数据进行压缩、存储，以便用户能快速检索到所需要的数据及图像。

（3）地面实况调查系统

地面实况调查系统主要包括在空间遥感信息获取前所进行的物体波谱特征（地面反射电磁波及发射电磁波的特性）测量，以及在空间遥感信息获取的同时所进行的与遥感目的有关的各种遥测数据的采集（如区域环境和气象等数据）。

（4）信息分析应用系统

信息分析应用系统是用户为一定目的而应用遥感信息时所使用的各种技术，主要包括遥感信息的选择技术、应用处理技术、专题信息提取技术、制图技术、参数计算和数据统计技术等。其中，遥感信息的选择技术是指根据用户需求的目的、任务、内容、时间和条件，选择其中一种或多种信息时必须考虑的技术。

　　遥感技术系统中，遥感器是整个遥感技术系统的核心。近几年来，商用高分辨率卫星得到快速发展，如 1999 年美国发射了 Ikonos 卫星，空间分辨率为 1m；2001 年发射了 QuickBird 卫星，空间分辨率为 0.61m。高分辨率卫星数据的出现不仅为遥感应用提供了新的数据源，而且也使遥感数据可以进入工程应用，以往只有航空遥感才可能获得的高分辨率影像，现在通过卫星也可以获得，并可应用于大比例尺地形测量；传统的遥感应用 Landsat 的 TM 数据（分辨率仅为 30m）只能监测大面积作物的生长趋势，却很难细分小块作物的种类和长势，而 QuickBird 等高分辨率卫星数据则很容易做到这一点，并将使遥感影像的解译工作变得简单、直接；同时，高分辨率卫星数据的获取不受地形条件的限制，对航空飞机难以到达的偏远山区、条件恶劣地区以及诸如南极等遥远地区均能获取相应的数据。

第 7 章　建筑物观测测量

7.1　建筑物的沉降观测

建筑物的沉降观测是用水准测量的方法，周期性地观测建筑物上的沉降观测点和水准基点之间的高差变化值，以测定基础和建筑物本身的沉降值。

7.1.1　水准基点与观测点的布设

水准基点是进行建筑物沉降观测的依据，因此水准基点的埋设要求和形式与永久性水准点相同，必须保证其稳定不变和长久保存。水准基点一般应埋设在建筑物沉降影响之外，观测方便且不受施工影响的地方，如条件允许，也可布设在永久固定建筑物的墙角上。为了相互检核，水准基点的数目不应少于3个。对水准基点要定期进行高程检查，防止水准点本身发生变化，以确保沉降观测的准确性。在布设水准点时应符合：

（1）水准点应尽量与观测点接近，其距离不应超过100m，以保证观测的精度。

（2）相邻地基沉降观测点可选在建筑纵横轴线或边线的延长线上，亦可选在通过建筑重心的轴线延长线上。其点位间距应视基础类型、荷载大小及地质条件，与设计人员共同确定或征求设计人员意见后确定。点位可在建筑基础深度1.5～2.0倍的距离范围内，由墙外向外由密到疏布设，但距基础最远的观测点应设置在沉降量为零的沉降临界点以外。

（3）水准点应布设在建筑物、构筑物基础压力影响范围及受振动范围以外的安全地点。

（4）离开铁路、公路和地下管道至少5m。

（5）水准点埋设深度至少要在冰冻线下0.5m，以保证稳定性。

沉降观测点的布设数量和位置，要能全面正确地反映建筑物的沉降情况。点位布设既要考虑均匀性，又要保证在变形缝两侧、基础深度或地质条件变化处、荷重及结构变化的分界处等最大可能发生沉降的地方有观测点。对于民用建筑，在墙角和纵横墙交界处，周边每隔 10～20m 处均匀布点。当房屋宽度大于 15m 时，应在房屋内部纵轴线上和楼梯间布点。对于工业建筑，应在房角、承重墙、柱子和设备基础上布点。对于烟囱和水塔等，应在其四周均匀布设 3 个以上的观测点。沉降观测点的结构形式及埋设方式如图 7-1 所示。

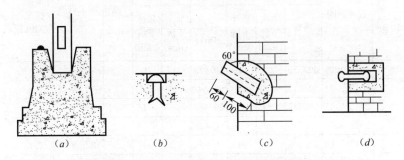

图 7-1　沉降观测点的结构形式及埋设方式

7.1.2　沉降观测

沉降观测多用水准测量的方法。一般性高层建筑物或大型厂房，应采用精密水准测量的方法，按国家二等水准技术要求施测，将各个观测点布设成闭合或附合水准路线。对中小型厂房和建筑物，可采用三等水准测量的方法施测。

沉降观测的时间和次数根据建筑物（构筑物）特征、变形速率、观测精度和工程地质条件等因素综合考虑，并根据沉降量的变化情况适当调整。当埋设的观测点稳固后，即可进行第一次观测。施工期间，一般建筑物每 1～2 层楼面结构浇筑完就观测一次。如果中途停工时间较长，应在停工时或复工前各观测一次。竣工后应根据沉降的快慢来确定观测的周期，每月、每季、每半年观测一次，以每次沉降量在 5～10mm 为限，否则要增加观测次数，直至沉降稳定为止。

每次观测结束后，应及时整理观测记录。先检查记录的数据和计算是否正确，精度是否合格，然后调整闭合差，推算各沉降观测点的高程，接着计算各观测点本次沉降量和累计沉降量，并将计算结果、观测日期和荷载情况一并记入沉降量观测记录表中，见表7-1。

沉降量观测记录表　　　　　　　表 7-1

观测次数	观测时间	各观测点的沉降情况						······	施工进展情况	荷载情况（MPa）
		1			2					
		高程（m）	本次下沉（mm）	累计下沉（mm）	高程（m）	本次下沉（mm）	累计下沉（mm）	······		
1	2013. 1. 09	50. 555	0	0	50. 473	0	0		一层平口	
2	2013. 2. 21	50. 545	−10	−10	50. 467	−6	−6		三层平口	0. 4
3	2013. 3. 17	50. 542	−3	−13	50. 462	−5	−11		五层平口	0. 6
4	2013. 4. 15	50. 540	−2	−15	50. 459	−3	−14		七层平口	0. 7
5	2013. 5. 14	50. 538	−2	−17	50. 456	−3	−17		九层平口	0. 8
6	2013. 6. 10	50. 536	−2	−19	50. 452	−4	−21		主体完工	1. 1
7	2013. 8. 29	50. 533	−3	−21	50. 447	−5	−26		竣工	
8	2013. 11. 7	50. 531	−2	−23	50. 445	−2	−28		使用	
9	2014. 2. 27	50. 529	−2	−25	50. 444	−1	−29			
10	2014. 5. 03	50. 528	−1	−26	50. 443	−1	−30			
11	2014. 8. 06	50. 524	−4	−30	50. 443	0	−30			
12	2014. 12. 20	50. 521	−3	−33	50. 433	0	−30			

为了更形象地表示沉降、荷载和时间之间的相互关系，同时也为了预估下一次观测点的大约数字和沉降过程是否渐趋稳定或已经稳定，可绘制荷载、时间、沉降量关系曲线图，简称沉降曲线图，如图 7-2 所示。

7.2　建筑物水平位移观测

水平位移观测的平面位置是依据水平位移监测网，根据建筑物的结构、已有设备和具体条件，可采用三角网、导线网、

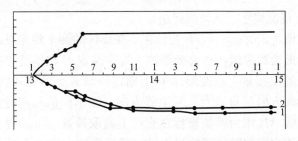

图 7-2　沉降曲线示意图

边角网、三边网、GPS 网和视准线等形式。在采用视准线时，为了能发现端点是否产生位移，还应在两端分别建立检核点。

为了方便，水平位移监测网通常都采用独立坐标系统。例如大坝、桥梁等往往以它的轴线方向作为 X 轴，而 Y 轴坐标的变化，即是它的侧向位移。为使各控制点的精度一致，都采用一次布网。监测网的精度，应能满足变形点观测精度的要求。在设计监测网时，要根据变形点的观测精度，预估对监测网的精度要求，并选择适宜的观测等级和方法。

测定建筑物水平位移的方法很多，但大体上可归纳为四种：基准线法、交会法、机械法和导线法。这些方法要根据建筑物的地基情况、建筑物本身的结构和用途以及观测的目的和精度要求灵活地选择应用。

7.2.1　基准线法测定水平位移

对于直线型建筑物的位移观测，采用基准线法具有速度快、精度高、计算简单等优点。

基准线法的原理是在工程建筑物的轴线（例如大坝轴线、桥轴线等）方向上或平行于该轴线的方向上建立一条固定不变的基准线，以过该基准线的铅垂面为基准面来测定工程建筑物在与之垂直方向上的位移量。

基准线法按其作业方法和所用工具的不同，又分为视准线法、测小角法和激光准直法。

1. 视准线法（活动觇牌法）

如图 7-3 所示，A、B 为设在不变形区的两个稳定点，两者的连线即为视准线，P 为变形体。为了测定 P 在垂直于基准线方向上的位移量，在变形体 P 上固定一刻有毫米分划的直尺，并使刻画方向尽量垂直于视准线方向。在不同的观测时间，均以视准线 AB 作为读数指标在直尺上截取读数。重复观测时的读数与首次观测时的读数相比较，即可确定变形体 P 的位移量及其方向。

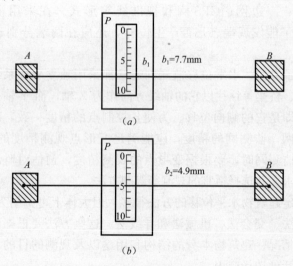

图 7-3 活动觇牌法

在图 7-3 中，若首次读得 $b_1 = 7.7\text{mm}$；经过一段时间后，第二次读得 $b_2 = 4.9\text{mm}$，则 P 点的水平位移为

$$\Delta L = b_2 - b_1 = 4.9 - 7.7 = -2.8\text{mm}$$

2. 测小角法

测小角法也称测微器法，是利用精密经纬仪（如 T3）精确地测出基准线与置镜点到观测点（P_i）视线之间所夹的微小角 β_i（如图 7-4 所示），并按下式计算偏离值：

$$\Delta P_i = \frac{\beta_i}{\rho} D_i$$

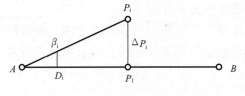

图 7-4　测小角法

式中，D_i 为端点 A 到观测点 P_i 的水平距离；$\rho=206265''$。

3. 激光准直法

激光准直法根据其测量偏离值的方法不同，可分为激光经纬仪准直法与波带板激光准直法，现分别简述如下。

（1）激光经纬仪准直法

激光经纬仪准直法是将活动觇牌法中的觇牌（固定觇牌与活动觇牌）由中心装有两个半圆的硅光电池组成的光电探测器替代。两个硅光电池各接在检流表上，如激光束通过觇牌中心时，硅光电池左、右两半圆上接收相同的激光能量，检流表指针此时在零位。否则，检流表指针就偏离零位。这时，移动光电探测器，使检流表指针指零，即可在读数尺上读数。通常利用游标尺可读到 0.1mm。当采用测微器时，可直接读到 0.01mm。

激光经纬仪准直法的操作要点如下：

1）将激光经纬仪安置在端点 A 上，在另一端 B 上安置光电探测器。将光电探测器的读数安置到零上，调整经纬仪水平度盘微动螺旋，移动激光束的方向，使在 B 点的光电探测器的检流表指针指零。这时，基准面即已确定，经纬仪水平度盘就不能再动。

2）依次在每个观测点上安置光电探测器，将望远镜的激光束投射到光电探测器上，移动光电探测器，使检流表指针指零，就可以读取每个观测点相对于基准面的偏离值。

为了提高激光准直精度，在每一个观测点上，探测器的探测需进行多次，取其平均值作为偏离值。将各次得到的偏离值进行比较，便可得到观测点的水平位移情况。

（2）波带板激光准直法

波带板激光准直系统由激光器点光源、波带板装置和光电探测器三部分组成。用波带板激光准直系统进行准直测量，如图 7-5 所示。

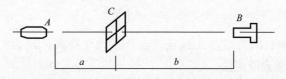

图 7-5　波带板激光准直测量

在基准线两端点 A、B 分别安置激光器点光源和探测器，在需要测定偏离值的观测点 G 上安置波带板。当激光管点燃后，激光器点光源就会发射出一束激光，照满波带板，通过波带板上不同透光孔的绕射光波之间的互相干涉，就会在光源和波带板连线的延伸方向线的某一位置上形成一个亮点（如图 7-6 圆形波带板所示）或十字丝（如图 7-7 方形波带板所示）。根据观测点的具体位置，对每一观测点可以设计专用的波带板，使所成的像恰好落在接收端 B 的位置上，如图 7-8 所示。利用安置在 B 点的探测器，可以测出 AC 连线在 B 点处相对于基准面的偏离，则 C 点相对于基准面的偏离值为：

$$l_0 = \frac{S_0}{L} \cdot \overline{BC'}$$

图 7-6　圆形波带板

图 7-7　方形波带

波带板激光准直系统中，在激光器点光源的小孔光栏后安

164

置一个机械斩波器，使激光束成为交流调制光，这样即可大大削弱太阳光的干涉，可以在白天成功地进行观测。

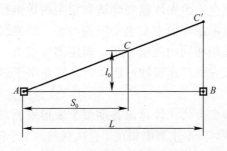

图 7-8 波带板准直法计算

7.2.2 交会法测定水平位移

交会法也是应用较多的一种变形观测方法，特别是在拱形水坝、曲线桥梁、高层建筑等的变形观测中广泛应用。

图 7-9 所示为双曲线拱坝变形观测图。为了精确测定 B_1，B_2，$\cdots$，B_n 等观测点的水平位移，首先在大坝下游面的合适位置处选定供变形观测用的两个工作基准点 E 和 F。为了工作基准点的稳定性进行检核，应根据地形条件和实际情况，设置一定数量的检核基准点（如 C，D，G 等），并组成良好图形条件的网形。各基准点上应建立永久性的观测墩，并利用强制对中设备和专用的照准觇牌。E，F 两个基准点还应满足：用前方交

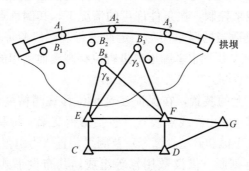

图 7-9 拱坝变形观测

会法观测各变形观测点时，交会角 γ 不得小于 30°，且不得大于 150°。

变形观测点应预先埋设好合适和稳定的照准标志，标志的图形和式样应考虑在前方交会中观测方便、照准误差小。各期变形观测应采用相同的测量方法、固定测量仪器、固定测量人员；仪器视线应离开建筑物一定距离，防止由于热辐射而引起旁折光影响。

利用前方交会公式计算出各期每个变形观测点的坐标，即可计算出各观测点本次观测相对于首次观测的水平位移值。

7.2.3 导线法测定水平位移

对于非直线型建筑物，如重力拱坝、曲线形桥梁以及一些高层建筑物的位移观测，宜采用导线测量法、前方交会法以及地面摄影测量等方法。

与一般测量工作相比，由于变形观测时通过重复观测，由不同周期观测成果的差值而得到观测点的位移，因此用于变形观测的精密导线在布设、观测及计算等方面都具有其自身的特点。

1. 导线的布设

应用于变形观测中的导线，是两端不测定向角的导线。可以在建筑物的适当位置布设（如重力拱坝的水平廊道中），其边长根据现场的实际情况确定，导线端点的位移，在拱坝廊道内可用倒垂线来控制，在条件许可的情况下，其倒垂点可与坝外三角点组成适当的联系图形，定期进行观测以验证其稳定性。图 7-10 为在某拱坝水平廊道内进行位移观测而采用的精密导线布设形式示意图。

导线点上的装置，在保证建筑物位移观测精度的情况下，应稳妥可靠。它由导线点装置（包括槽钢支架、特制滑轮拉力架、底盘、重锤和微型觇标等）及测线装置（为引张的钢瓦丝，其端头均有刻画，供读数用）等组成，其布设形式如图 7-11(a) 所示。图中微型觇标供观测时照准用，当测点要架设仪器

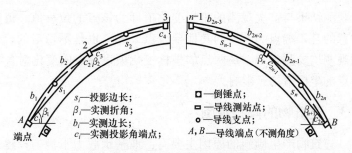

图 7-10 某拱坝位移观测的精密导线布置形式

时，微型觇标可取下。微型觇标顶部刻有中心标志供边长丈量时用，如图 7-11（b）所示。

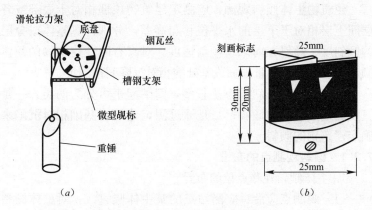

图 7-11 导线测量用的小觇标布置形式

2. 导线的观测

在拱坝廊道内，由于受条件限制，一般布设的导线边长较短，为减少导线点数，使边长较长，可由实测边长 b_i 计算投影边长 s_i，如图 7-10 所示。实测边长 b_i；为用特制的基线尺来测定的两导线点间（即两微型觇标中心标志刻画间）的长度。为减少方位角的传算误差，提高测角效率，可采用隔点设站的方法，即实测转折角 β_i 和投影角 c_i。

3. 导线的平差与位移值的计算

根据不定向导线的计算公式，计算出各导线点的坐标，各期观测结果与首次观测的坐标变化值即为该点的位移值。值得注意的是，端点 A、B 同其他导线点一样，也是不稳定的，每期观测均要测定 A、B 两点的坐标变化值，端点的变化对各导线点的坐标值均有影响。

7.3 建筑物的倾斜观测

建筑物产生倾斜的原因主要有：地基承载力不均匀；建筑物体型复杂，形成不同载荷；施工未达到设计要求，承载力不够；受外力作用结果，如风荷、地下水抽取、地震等。一般用水准仪、经纬仪或其他专用仪器来测量建筑物的倾斜度。

建筑物主体倾斜观测，应测定建筑物顶部相对于底部或各层间上层相对于下层的水平位移与高差，分别计算整体或分层的倾斜度、倾斜方向以及倾斜速度。对具有刚性建筑物的整体倾斜，亦可通过测量顶面或基础的相对沉降间接测定。

测定建筑物倾斜的方法较多，归纳起来可分为两类：一是直接测定建筑物的倾斜；二是通过测定建筑物基础相对沉陷来确定建筑物的倾斜。

7.3.1 倾斜观测点的布设

1. 主体倾斜观测点位的布置

（1）观测点应沿对应测站点的某主体竖直线，对整体倾斜按顶部、底部，对分层倾斜按分层部位、底部上下对应布设。

（2）当从建筑物外部观测时，测站点或工作基点的点位应选在与照准目标中心连线呈接近正交或呈等分角的方向线上，距照准目标 1.5～2.0 倍目标高度的固定位置处；当利用建筑物内竖向通道观测时，可将通道底部中心点作为测站点。

（3）按纵横轴线或前方交会布设的测站点，每点应选设 1～2 个定向点；基线端点的选设应顾及其测距或丈量的要求。

2. 主体倾斜观测点位的标志设置

（1）建筑物顶部和墙体上的观测点标志，可采用埋入式照准标志型式；有特殊要求时应专门设计。

（2）不便埋设标志的塔形、圆形建筑物以及竖直构件，可以照准视线所切同高边缘认定的位置或用高度角控制的位置作为观测点位。

（3）位于地面的测站点和定向点，可根据不同的观测要求，采用带有强制对中设备的观测墩或混凝土标识。

（4）对于一次性倾斜观测项目，观测点标志可采用标记形式或直接利用符合位置与照准要求的建筑物特征部位；测站点可采用小标识或临时性标志。

3. 倾斜观测的方法

倾斜观测的内容与观测方法：

（1）测量建筑物基础相对沉降，方法有几何水准测量与液体静力水准测量。

（2）测量建筑物顶点相对于底点的水平位移，方法有前方交会法、投点法、吊垂球法和激光铅直仪观测法。

（3）直接测量建筑物的倾斜度，采取气泡倾斜仪。

7.3.2 直接测定建筑物的倾斜

直接测定建筑物倾斜的方法中，最简单的是悬吊垂球的方法，根据其偏差值可直接确定建筑物的倾斜，但是，由于有时在建筑物上无法悬挂垂球，因此对于高层建筑物、水塔、烟囱等建筑物，通常采用经纬仪投影或观测水平角的方法来测定它们的倾斜。

1. 经纬仪投影法

如图 7-12（a）所示，根据建筑物的设计，A 与 B 点应位于同一铅垂线上，当建筑物发生倾斜时，则 A 点相对 B 点移动了数值 a，该建筑物的倾斜为

$$i = \tan\alpha = \frac{a}{h}$$

式中 a——顶点 A 相对与底点 B 的水平位移量；

h——建筑物的高度。

为了确定建筑物的倾斜，必须测出 a 和 h 值，其中 h 值一

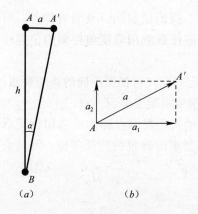

图 7-12 经纬仪投影法

一般为已知数；当 h 未知时，则可对着建筑物设置一条基线，用三角高程测量的方法测定。这时经纬仪应设置在离建筑物 $1.5h$ 以外的地方，以减小仪器竖轴不垂直的影响。对于 a 值的测定方法，可用经纬仪将 A' 点投影到水平面上量得。投影时，经纬仪严格安置在固定测站上，用经纬仪分中法得 A' 点。然后，量取 A' 点至中点 A 在视线方向的偏离值 a_1，再将经纬仪移到与原观测方向约成 $90°$ 的方向上，用前述方法可量得偏离值 a_2。最后，根据偏离值，即可求得该建筑物顶底点的相对水平位移量口，如图 7-12 （b）所示。

2. 观测水平角法

如图 7-13 所示，在离烟囱 $1.5\sim2.0h$ 的地方，于互相垂直的方向上，选定两个固定标志作为测站。在烟囱顶部和底部分别标出 1、2、3、…、8 点，同时，选择通视良好的远方点 M_1 和 M_2，作为后视目标，然后，在测站 l 测得水平角 （1）、（2）、（3）、（4），并计算两角和的平均值 $\frac{(2)+(3)}{2}$ 及 $\frac{(1)+(4)}{2}$，它们分别表示烟囱上部中心 a 和勒脚部分中心 b 的方向。知道测站 1 至烟囱中心的距离，根据 a 与 b 的方向差，可计算偏离分量 a_1。

同样，在测站 2 上观测水平角 （5）、（6）、（7）、（8），重复前述计算，得到另一偏离分量 a_2，根据分量 a_1 和 a_2，按矢量相加的方法求得合量 a，即得烟囱上部相对于勒脚部分的偏离值。然后可算出烟囱的倾斜度。

3. 用基础相对沉陷确定建筑物的倾斜

以混凝土重力坝为例，由于各坝段基础的地质条件和坝体

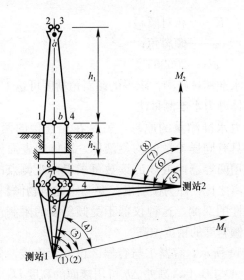

图 7-13　观测水平角

结构的不同，使得各部分的混凝土重量不相等，水库蓄水后，库区地壳承受很大的静水压力，使得地基失去原有的平衡条件，这些因素都会使坝的基础产生不均匀沉陷，因而使坝体产生倾斜。

倾斜观测点的位置往往与沉陷观测点 M 合起来布置。通过对沉陷观测点的观测，可以计算这些点的相对沉陷量，获得基础倾斜的资料。目前，我国测定基础倾斜常用的方法如下。

（1）水准测量法

用水准仪测出两个观测点之间的相对沉陷，由相对沉陷与两点间距离之比，可换算成倾斜角，即

$$K = \frac{\Delta h_a - \Delta h_b}{L}$$

或

$$\alpha = \frac{\Delta h_a - \Delta h_b}{L} \cdot \rho$$

式中　Δh_a、Δh_b——a、b 点的累积沉陷量；

　　　　L——a、b 两观测点之间的距离；

K——相对倾斜；

α——倾斜角；

ρ——206265″。

按二等水准测量施测，求得的倾斜角精度可达 1″~2″。

（2）液体静力水准测量法

液体静力水准测量的原理，就是在相连接的两个容器中，盛有同类并具有同样参数的均匀液体，液体的表面处于同一水平面上，利用两容器内液体的读数可求得两观测点的高差，其与两点间距离之比，即为倾斜度。要测定建筑物倾斜度的变化，可进行周期性的双测。这种仪器不受倾斜度的限制，并且距离愈长，测定倾斜度的精度愈高。

如图 7-14 所示，容器 1 与容器 2 由软管连接，分别安置在欲测的平面 A 与 B 上，高差 Δh 可用液面的高度 H_1 与 H_2 计算

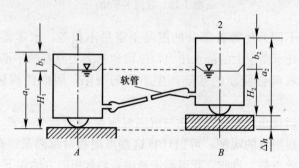

图 7-14　液体静力水准测量原理图

$$\Delta h = H_1 - H_2$$

或　　　　　　　　$$\Delta h = (a_1 - a_2) - (b_2 - b_1)$$

式中　a_1、a_2——容器的高度或读数零点相对于工作底面的位置；

b_1、b_2——容器中液面位置的读数值，亦即读数零点至液面的距离。

采用目视接触来测定液面位置，如图 7-15 所示。转动测微圆环，使水位指针移动。当显微镜内所观测到的指针实像尖端与虚像尖端刚好接触时，见图 7-16，即停止转动圆环，进行读

数。每次连续观测 3 次，取其平均值。其互差不应大于 0.04mm。每次观测完毕，应随即把分尖退到水面以下。目视接触法的仪器，能高精度地确定液面位置，精度可达±0.01mm。

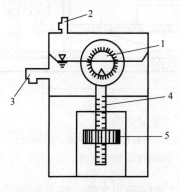

图 7-15　观测窗与观测圆环

1—观测窗；2—上管口；3—下管口；

4—水位针；5—测微圆环

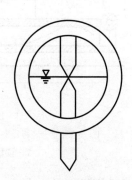

图 7-16　指针实像与

虚像尖端接触

（3）气泡式倾斜仪

常见的倾斜仪有水准管式倾斜仪、气泡式倾斜仪和电子倾斜仪等。倾斜仪一般具有能连续读数、自动记录和数字传输等特点，有较高的观测精度，因而在倾斜观测中得到广泛应用。下面就气泡式倾斜仪作简单介绍。

气泡式倾斜仪由一个高灵敏度的水准管和一套精密的测微器组成，如图 7-17 所示。观测时，将倾斜仪放置后，转动读数盘，使测微杆向上或向下移动，直至水准气泡居中为止。此时在读数盘上读数，即可得出该处的倾斜度。

我国制造的气泡式倾斜仪灵敏度为 2″，总的观测范围较广。气泡式倾斜仪适用于观测较大的倾斜角或量测局部地区的变形，例如，测定设备基础和平台的倾斜。

（4）观测周期

主体倾斜观测的周期，可视倾斜速度每 1～3 个月观测一次。如遇基础附近因大量堆载或卸载、场地降雨长期积水等而

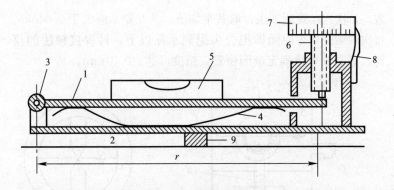

图 7-17　气泡式倾斜仪

1—支架；2—底板；3—转动点；4—弹簧片；5—水准管；6—测微杆；

7—读数盘；8—读数指标；9—圆柱体

导致倾斜速度加快时，应及时增加观测次数。施工期间的观测周期，可根据要求参照沉降观测周期的规定确定。倾斜观测应避开强日照和风荷载影响大的时间段。

（5）提交成果

1）倾斜观测点位布置图；

2）观测成果表、成果图；

3）主体倾斜曲线图；

4）观测成果分析资料。

7.4　建筑物的裂缝观测

7.4.1　裂缝观测的内容

建筑物发现裂缝，为了了解其现状和掌握其发展情况，应立即进行裂缝变化的观测。建筑裂缝监测点应选择有代表性的裂缝进行布置，当原有裂缝增大或出现新裂缝时，应及时增设监测点。对需要观测的裂缝，每条裂缝的监测点至少应设 2 组，具体按现场情况而确定，且宜设置在裂缝的最宽处及裂缝末端。采用直接量取方法量取裂缝的宽度、长度、观察其走向及发展趋势。

7.4.2 裂缝观测点的布设

对需要观测的裂缝应统一进行编号。每条裂缝至少应布设两组观测标志：一组在裂缝最宽处；另一组在裂缝末端。每组标志由裂缝两侧各一个标志组成。

裂缝观测标志应具有可供量测的明晰端或中心；如图 7-18 所示。观测期较长时，可采用镶嵌式或埋入墙面的金属标志、金属杆标志或楔形板标志；观测期较短或要求不高时可采用油漆平行线标志或用建筑胶粘贴的金属片标志。要求较高、需要测出裂缝纵横向变化值时，可采用坐标方格网板标志。使用专用仪器设备观测的标志，可按具体要求另行设计。

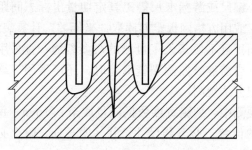

图 7-18 裂缝观测标志

7.4.3 观测技术要求

1. 裂缝观测应测定建筑上的裂缝分布位置和裂缝的走向、长度、宽度及其变化情况。

2. 对需要观测的裂缝应统一进行编号。每条裂缝应至少布设两组观测标志，其中一组应在裂缝的最宽处，另一组应在裂缝的末端。每组应使用两个对应的标志，分别设在裂缝的两侧。

3. 裂缝观测标志应具有可供量测的明晰端面或中心。长期观测时，可采用镶嵌或埋入墙面的金属标志、金属杆标志或楔形板标志；短期观测时，可采用平行线标志或粘贴金属片标志。

4. 对于数量少、量测方便的裂缝，可根据标志形式的不同分别采用比例尺、小钢尺或游标卡尺等工具定期量出标志间距离求得裂缝变化值；对于大面积且不便于人工量测的众多裂缝宜采用交会测量或近景摄影测量方法；需要连续监测裂缝变化时，可采用测缝计或传感器自动测记方法观测。

5. 裂缝观测的周期应根据其裂缝变化速度而定。开始时可半月测一次，以后一月测一次。当发现裂缝加大时，应及时增加观测次数。

6. 裂缝观测中，裂缝宽度数据应量至 0.1mm，每次观测应绘出裂缝的位置、形态和尺寸，注明日期，并拍摄裂缝照片。

7.4.4 观测方法与观测周期

对于数量不多、易于量测的裂缝，可视标志型式不同，甩比例尺、小钢尺或游标卡尺等工具定期量出标志间距离求得裂缝变位值，或用方格网板定期读取"坐标差"计算裂缝变化值；对于较大面积且不便于人工量测的众多裂缝，宜采用近景摄影测量方法；当需连续监测裂缝变化时，还可采用裂缝计或传感器自动测记方法观测。

裂缝观测中，裂缝宽度数据应量取至 0.1mm，每次观测应绘出裂缝的位置、形态和尺寸，并注明日期，附上必要的照片资料。

裂缝观测的周期应视裂缝变化速度而定。通常开始可半月测一次，以后一月左右测一次。当发现裂缝加大时，应增加观测次数，直至几天或逐日一次地连续观测。

7.4.5 成果提交

1）裂缝分布位置图；

2）裂缝观测成果表；

3）观测成果分析说明资料；

4）当建筑物裂缝和基础沉降同时观测时，可选择典型剖面绘制两者的关系曲线。

第8章 竣工测量

8.1 竣工测量要求

在建筑物和构筑物竣工验收时，为获得工程建成后的各建筑物和构筑物以及地下管网的平面位置和高程等资料而进行的测量工作，为竣工测量。竣工测量可以利用施工期间使用的平面控制点和水准点进行施测。如原有控制点不够使用时，应补测控制点。

8.1.1 竣工测量的重要性

随着城市的高速发展，城市建筑的快速更新，政府管理部门以及规划、设计、建设单位要求测绘行业必须及时提供现势性强、精度高，全面反映建筑物以及住宅小区现状的竣工图。竣工测量是关系到城市建设中管理和规划实施、落实的一项重要工作，关系到人民生活的利益。社会经济的快速发展，加快了城市改造和建设的步伐。促使城市的建筑规模不断地扩大，原有一些落后陈旧的城市设施也在不断地完善和改造。对现有建筑物的形态平面位置及与之配套的交通、能源上下水等设施，能否准确掌握，直接影响到城市建设，管理和人民生活环境。而工程验收是基本建设的最后一项程序，是全面考核建设项目经济效益、设计施工质量的重要环节。

8.1.2 竣工测量的意义

竣工测量的意义表现在以下几个方面：

（1）在工程施工建设中，一般都是按照设计总图进行，但是，由于设计的更改、施工的误差及建筑物的变形等原因，使工程实际竣工位置与设计位置不完全一致。因而需要进行竣工测量，反映工程实际竣工位置。

（2）在工程建设和工程竣工后，为了检查和验收工程质量，需要进行竣工测量，以提供成果、资料作为检查、验收的重要依据。

（3）为了全面反映设计总图经过施工以后的实际情况，并且为竣工后工程维修管理运营及日后改建、扩建提供重要的基础技术资料，应进行竣工测量，在其基础上编绘竣工总平面图。

8.1.3　竣工测量的内容

在每个单项工程完成后，应由施工单位进行竣工测量，提出工程的竣工测量成果。其内容如下：

（1）工业厂房及一般建筑物：包括房角坐标，各种管线进出口的位置和高程，并附房屋编号、结构层数、面积和竣工时间等资料。

（2）架空管网：包括转折点、结点、交叉点的坐标，支架间距，基础面高程。

（3）地下管网：窖井、转折点的坐标，井盖、井底、沟槽和管顶等的高程，并附注管道及窖井的编号、名称、管径、管材、间距、坡度和流向。

（4）铁路和公路：包括起止点、转折点、交叉点的坐标，曲线元素，桥涵等构筑物的位置和高程。

（5）其他：竣工测量完成后，应提交完整的资料，包括工程的名称、施工依据、施工成果，作为编绘竣工总图的依据。

8.1.4　竣工测量的方法

竣工测量的基本方法与地形测量相似，主要区别有以下几点：

（1）图根控制点的密度，一般情况下竣工测量图根控制点的密度，要大于地形测量图根控制点的密度。

（2）碎部点的实测，地形测量一般采用视距测量的方法来测定碎部点平面位置与高程；而竣工测量一般采用经纬仪测角、钢尺量距的极坐标法测定碎部点的平面位置，采用水准仪或者经纬仪视线水平测定碎部点的高程；也可以用全站仪进行测绘。

（3）测量精度，竣工测量的测量精度高于地形测量的测量精度。地形测量的测量精度要求能够满足图解精度，而竣工测量的测量精度一般要求满足解析精度，要精确到厘米。

（4）测绘内容，竣工测量的内容比地形测量的内容详细，竣工测量不仅测地面上的地物和地貌，而且还要测地下各种隐蔽工程。

8.2 竣工总平面图的测绘

8.2.1 编制竣工总平面图的目的

工业与民用建筑工程是根据设计总平面图施工的。在施工过程中，由于种种原因，使建（构）筑物竣工后的位置与原设计位置不完全一致，所以需要编绘竣工总平面图。编制竣工总平面图的目的一是为了全面反映竣工后的现状，二是为以后建（构）筑物的管理、维修、扩建、改建及事故处理提供依据，三是为工程验收提供依据。

8.2.2 编制竣工总平面图的依据和规定

（1）依据

编绘竣工总平面图的依据是：设计总平面图、单位工程平面图、纵横断面图和设计变更资料；施工放线资料、施工检查测量及竣工测量资料；有关部门和建设单位的具体要求。

竣工总平面图应包括测量控制点、厂房、辅助设施、生活福利设施、架空与地下管线、道路等建筑物和构筑物的坐标、高程，以及厂区内净空地带和尚未兴建区域的地物、地貌等内容。

（2）编绘应符合的规定

1）竣工总图，应与竣工项目的实际位置、轮廓形状相一致；

2）地下管道及隐蔽工程，应根据回填前的实测坐标和高程记录进行编绘；

3）施工中，应根据施工情况和设计变更文件及时编绘；

4）对实测的变更部分，应按实测资料绘制；

5）当平面布置改变超过图上面积 1/3 时，不宜在原施工图上修改和补充，应重新编制。

（3）绘制应符合的规定

1）应绘出地面的建构筑物、道路、铁路、地面排水沟渠、树木及绿化地等；

2）矩形建构筑物的外墙角，应注明 2 个以上点的坐标；

3）圆形建构筑物，应注明中心坐标及接地外半径；

4）主要建筑物，应注明室内地坪高程；

5）道路的起终点、交叉点，应注明中心点的坐标和高程；弯道处，应注明交角、半径及交点坐标；路面，应注明宽度及铺装材料；

6）铁路中心线的起终点、曲线交点，应注明坐标；曲线上，应注明曲线的半径、切线长、曲线长、外矢矩、偏角等曲线元素；铁路的起终点、变坡点及曲线的内轨轨面应注明高程。

8.2.3 竣工总平面图的编绘方法

竣工总平面图的编绘方法如下：

（1）首先在图纸上绘制坐标方格网，一般使用两脚规和比例尺来绘制，其精度要求与地形测图的坐标格网相同。

（2）展绘控制点：坐标方格网画好后，将施工控制点按坐标值展绘在图上。展点对临近的方格而言，其容许误差为±0.3mm。

（3）展绘设计总平面图：根据坐标方格网，将设计总平面图的图面内容按其设计坐标，用铅笔展绘于图纸上，作为底图。

（4）展绘竣工总平面图：一种是根据设计资料展绘；一种是根据竣工测量资料或施工检查测量资料展绘。

（5）现场实测：对于直接在现场指定位置进行施工的工程，以固定地物定位施工的工程，多次变更设计而无法查对的工程，竣工现场的竖向布置、围墙和绿化情况，施工后尚保留的大型临时设施以及竣工后的地貌情况，都应根据施工控制网进行实测，加以补充。外业实测时，必须在现场绘出草图，最后根据实测成果和草图，在室内进行补充展绘，便成为完整的竣工总平面图。

8.2.4 竣工总平面图的附件

为了能够全面反映竣工成果，便于生产管理、维修和日后企业的扩建或改建，下列与竣工总平面图有关的一些资料，应作竣工总平面图的附件进行保存。

（1）地下管线竣工纵断面图。

（2）铁路、公路竣工纵断面图。工业企业铁路专用线和公路竣工之后，要进行铁路轨顶及公路路面水准测量，用以编绘竣工纵断面图。

（3）建筑场地与附近的测量控制点布置图及坐标和高程一览表。

（4）建筑物和构筑物沉降及变形观测资料。

（5）工程定位、检查与竣工测量的资料。

（6）设计变更文件。

（7）建设场地原始地形图。

8.2.5 竣工总平面图的整饰

（1）竣工总平面图的符号应与原设计图的符号一致。有关地形图的图例应使用国家地形图图示符号。

（2）对于厂房应使用黑色墨线，绘出该工程的竣工位置，并应在图上注明工程名称、坐标、高程及有关说明。

（3）对于各种地上、地下管线，应用各种不同颜色的墨线，绘出其中心位路，并应在图上注明转折点及井位的坐标、高程及有关说明。

（4）对于没有进行设计变更的工程，用墨线绘出的竣工位置，与按设计原图用铅笔绘出的设计位置应重合，但其坐标及高程数据与设计值比较可能稍有出入。随着工程的进展，逐渐在底图上，将铅笔线都绘成墨线。

（5）对于直接在现场指定位路进行施工的工程、以固定地物定位施工的工程及多次变更设计而无法查对的工程等，只好进行现场实测，这样测绘出的竣工总平面图，称为实测竣工总平面图。

第9章 常用工具类资料

9.1 常用测量术语和符号

9.1.1 通用术语

1. 测绘学

研究与地球有关的地理空间信息的采集、处理、显示、管理、利用的科学与技术。

2. 工程测量学

研究工程建设和自然资源开发中各个阶段进行的控制测量、地形测绘、施工测量、竣工测量、变形监测及建立相应信息系统的理论和技术的学科。

3. 工程测量

工程建设和资源开发的勘察设计、施工和运营管理各阶段，应用测绘学的理论和技术进行的各种测量工作。

4. 全球导航卫星系统

利用卫星信号实现全球导航定位系统的总称。

5. GPS 定位系统

美国建立的全球导航卫星定位系统。

6. 北斗导航卫星系统

中国建立的全球导航卫星定位系统，简称北斗系统。

7. 误差理论

研究测量误差的性质、传播规律、削弱误差影响，求最佳估值和计算误差影响的理论。

8. 准确度

在一定观测条件下，观测值相对其真值的偏离程度。

9. 精密度

在一定观测条件下，一组观测值与其数学期望值接近或离散的程度，也称内部符合精度。

10. 精确度

评价观测成果优劣的准确度与精密度的总称。

11. 误差

测量结果的偏差。

12. 测量误差

测量过程中产生的各种误差总称。

13. 真误差

观测值与其真值之差。

14. 偶然误差

在一定观测条件下的一系列观测值中，其误差大小、正负号不定，但符合一定统计规律的测量误差，也称随机误差。

15. 系统误差

在一定观测条件下的一系列观测值中，其误差大小、正负号均保持不变或按一定规律变化的测量误差。

16. 中误差

带权残差平方和的平均数的平方根，作为在一定的条件下衡量测量精度的一种数值指标。

17. 标准差

真误差平方和的平均数的平方根，作为在一定条件下衡量测量精度的一种数值指标。

18. 限差

在一定观测条件下规定的测量误差的限值。

19. 极限误差

在一定观测条件下测量误差的绝对值不应超过的最大值。

20. 粗差

超过极限误差的测量误差。

21. 绝对误差

测量值对准确值偏离的绝对大小。

22. 相对误差

测量误差的绝对值与其相应的测量值之比。

23. 相对中误差

观测值中误差与相应观测值之比。

24. 点位误差

点的测量最或然位置与真位置之差。

25. 置信度

根据来自母体的一组子样（即观测值），对表征母体的参数进行估计的统计可信程度。

26. 可靠性

衡量平差系统中发现、剔除粗差的能力和方法的可靠程度。

9.1.2 施工测量术语

1. 施工测量

在工程施工阶段所进行的测量工作。主要包括施工控制测量、施工放样、竣工测量以及施工期间的变形监测。

2. 安装测量

为建筑构件或设备部件的安装所进行的测量工作。

3. 结构安装测量

为建筑工程中的结构安装所进行的测量工作。

4. 建筑基础平面图

表示建筑物的基础布置、轴线位置、基础尺寸等的设计图。

5. 建筑结构平面图

表示建筑物某一层墙、柱、梁、板的平面布置、轴线位置，各部分尺寸，连接方法等的设计图。

6. 施工控制网

为工程建设的施工而布设的测量控制网。

7. 场区控制网

为大、中型建设项目施工区域独立布设的施工控制网。

8. 建筑物施工控制网

为大型或重要建（构）筑物的细部放样而布设的施工控制网。

9. 建筑方格网

各边组成矩形或正方形且与拟建的建（构）筑物轴线平行的施工平面控制网。

10. 建筑方格网主轴线

与主要建筑物轴线平行，作为建筑方格网定向及测设依据的轴线。

11. 方格网点

建筑方格网的各方格顶点。

12. 建筑轴线测设

将设计图上表示墙或柱等位置的轴线测设到实地的工作。

13. 施工放样

工程施工时，按照设计和施工要求，把设计的建筑物或构筑物的平面位置、高程测设到实地的测量工作。

14. 建筑红线测量

根据规划确定的建筑区域或建筑物的用地限制线，在实地测设并标示的测量工作。

15. 面水准测量

为场地的平整，按网格进行的水准测量。

16. 中心桩

建筑物放样时，表示墙、柱中心线交点位置的桩。

17. 轴线控制桩

建筑物定位后，在基槽外墙或柱列轴线延长线上，表示墙或柱列轴线位置的桩。

18. 端点桩

建筑物柱子基础施工时，由基础中心线延长到建筑物平面控制网边上相交处所钉的桩。

19. 立模测量

混凝土施工时，将模板分块的界限及模板位置放样到实地的测量工作。

20. 填筑轮廓点测量

根据设计图在实地放样填筑线位置的测量工作。

21. 水库淹没线测设

把设计淹没线的高程控制桩标定在实地的测量工作。

22. 桥梁轴线测设

把桥梁的设计轴线（中心线）标定于实地的测量工作。

23. 找平

用水准测量的方法确定某一设计标高的测量工作，又称抄平。

24. 标高线

在建筑施工过程中，将已知高程引测到基础、柱基杯口或墙体上所作的标记线。

25. 标高传递

建筑施工时，根据下一层的标高值用测量仪器或钢尺测出另一层标高并作出标记的测量工作。

26. 轴线投测

将建（构）筑物轴线由基础引测到上层边缘或柱子上的测量工作。

27. 龙门板

在基槽外设置的表示建筑轴线位置的门形水平木板。

28. 皮数杆

标有砖的行数、门窗口、过梁、预留 7L、木砖等的位置和尺寸的木尺。

29. 垂直度测量

确定建（构）筑物中心线偏离其铅垂线的距离及其方向的测量工作。

30. 验线

对已测设于实地的建筑轴线的正确性及精度进行检测的过程。

31. 角度交会法放点

根据已知角度值在至少两个已知控制点上，使用经纬仪或全站仪，将设计点位测设到实地的工作。

32. 方向线交会法

根据建筑方格网对边上两对对应结点，用经纬仪或细线交会测设所求点的定点方法。

33. 自由测站法

任意设站，根据边角后方交会原理，求得仪器中心的位置，进而测、设其他点位的测量方法。

34. 竣工测量

为获得各种建（构）筑物及地下管网等施工完成后的平面位置、高程及其他相关尺寸而进行的测量。

35. 竣工总平面图

根据竣工测量资料编绘的反映建（构）筑物、道路及管网等的实际平面位置、高程的图件。

36. 专业管线图

表示一个类别所有地上、地下管线及其附属设施的位置、相对关系、高程及相关的主要建（构）筑物位置的图件。

37. 交通运输图

表示铁路、道路的位置、高程、附属设施及相关的主要建（构）筑物位置的图件。

38. 动力管网图

表示蒸气、煤气、压缩空气、氧气等管道系统的位置、高程、尺寸、管径、管材及相关的主要建（构）筑物位置的图件。

39. 输电及通信线路图

表示高（低）压输电线路、通信（网络）、广播、电视和控制信号线路的电杆（塔）、电缆、变电所、交换台、控制室等的位置、高程及相关的主要建（构）筑物位置的图件。

40. 给排水管网图

表示自来水管道、排水管道系统及其检查井、阀门、消火栓、水泵房、水塔、水池等的位置和高程及相关的主要建（构）筑物的图件。

41. 综合管线图

表示一个地区所有管线的位置、相对关系、高程及相关的主要建（构）筑物位置的图件。

42. 检查井大样图

表示检查井尺寸、井内管道和阀门的位置、管径、井台及井底标高的放大详图。

43. 室内地坪标高

建筑物竣工后，特指首层室内地面的高程值。

44. 设备安装测量

为各种机械设备、机电设备、生产线等安装所进行的测量工作。

45. 工业测量

在工业生产和科研各环节中，应用测绘学的理论和技术为产品的设计、模拟、制造、安装、校准、质检、工作状态等进行的各种测量工作。

46. 电子经纬仪工业测量系统

由两台电子经纬仪、标准尺、联机作业的计算机以及相应软件组成的，对物面上的测点进行空间前方交会测量，并将数据处理后给出被测物形状、空间位置或数学模型的测量系统。

47. 全站仪极坐标测量系统

由全站仪和相应软件组成的用于精密工业测量的系统集成。

48. 激光跟踪测量系统

由激光跟踪仪、控制器及其反射器组成的采用激光跟踪动态测量原理获取测量对象三维坐标的测量系统集成。

49. 短边方位角传递

由测量控制网一个边的已知方位角，采用特殊的手段和方法，推求设备基准线方位角的过程。

50. 角导线直瞄法

采用多台仪器同时作业，通过互相瞄准十字丝、内觇标或外觇标进行短边方位角。

51. 线条形觇标

工业测量中短边方位传递照准标志的一种，觇标图案是线条形。

52. 楔形觇标

工业测量中短边方位传递照准标志的一种，觇标图案是楔形。

53. 圆形觇标

工业测量中短边方位传递照准标志的一种，觇标图案是圆形。

54. 互瞄内觇标法

工业测量中双测角装置间起始方向线的定向方法之一，即用两台电子经纬仪盘左盘右互瞄其望远镜的内觇标直接测定出定向参数的方法。

55. 互瞄外觇标法

工业测量中双测角装置间起始方向线的定向方法之一，即用两台电子经纬仪盘左盘右互瞄其竖轴与外框交点上的外觇标直接测定出定向参数的方法。

56. 系统定向

确定两台或多台经纬仪等传感器在空间的姿态和位置关系的过程。

57. 测站坐标系

工业测量系统中使用的测量坐标系（精确互瞄法系统相对定向），即以某一测站为坐标系原点（0，0，0），该测站指向另一测站在水平面内的投影为 x 轴，y 轴在水平面内垂直于 x 轴，再以右手准则确定 Z 轴。

58. 设计坐标系

描述工业产品上各点在设计系统中空间位置的任一三维坐标系。可根据需要而选定坐标原点和三轴系方向。

9.2　常用表

水准仪检验与校正记录表　　　　　　　　表 9-1

日期＿＿＿＿＿＿＿＿　天气＿＿＿＿＿＿＿　班级＿＿＿＿＿＿　小组＿＿＿＿＿＿＿
仪器型号＿＿＿＿＿＿　地点＿＿＿＿＿＿＿　检验者＿＿＿＿＿　记录者＿＿＿＿＿＿

1. 一般性检验

三脚架：
制动、微动螺旋：
微倾螺旋：
对光螺旋：
脚螺旋：
望远镜成像：
目镜调焦螺旋：
水准尺：

2. 圆水准器的检验与校正

检验（旋转望远镜180°）次数	气泡偏离情况	处理结果

3. 十字丝横丝的检验与校正

检验次数	偏离情况	处理结果

4. 视准轴平行于水准管轴的检验与校正

仪器的位置	项目	第一次	第二次
在 A，B 两点中间位置测高差	后视 A 尺读数 a_i	$a_1=$	$a_2=$
	前视 B 尺读数 b_i	$b_1=$	$b_2=$
	A，B 两点高差 $h_{AB}=a_i-b_i$	$h'_{AB}=$	$h''_{AB}=$
	A，B 两点高差均值 h_{AB}	$\overline{h_{AB}}=(h'_{AB}+h''_{AB})/2=$	
在离 B 点 3m 处测高差 （D_{AB} 为 A、B 两点距离）	B 点尺上读数 b_2	$b_2=$	
	A 点尺上应有读数 a_2	$a_2=b_2+\overline{h_{AB}}$	
	A 点尺上实际读数 a'_2	$a'_2=$	
	误差 Δ	$\Delta=a'_2-a_2$	
	两轴不平行误差 i	$i=\dfrac{\Delta \cdot \rho''}{D_{AB}\pm 3}$	

190

经纬仪检验与校正记录表 表 9-2

日期＿＿＿＿＿＿ 天气＿＿＿＿＿ 班级＿＿＿＿＿＿ 小组＿＿＿＿＿＿
仪器型号＿＿＿＿＿ 地点＿＿＿＿＿ 检验者＿＿＿＿＿ 记录者＿＿＿＿＿

1. 一般性检验

三 脚 架：
水平制动、微动螺旋：
望远镜制动与微动螺旋：
照准部转动：
望远镜转动：
望远镜成像：
脚 螺 旋：
竖盘指标水准管微动螺旋：
度盘变换机构：

2. 照准部水准管的检验与校正

检验（旋转照准部180°）次数	气泡偏离情况	处理结果

3. 十字丝竖丝的检验与校正

检验次数	偏离情况	处理结果

4. 视准轴的检验与校正

检验次数	尺上读数		$\dfrac{B_2-B_1}{4}$	正确读数	视准轴误差
	盘左 B_1	盘右 B_2		$B_3=B_2-\dfrac{1}{4}(B_2-B_1)$	$C''=\dfrac{B_2-B_1}{4\times D}\cdot\rho''$

5. 横轴的检验与校正

检验次数	P_1P_2 距离	竖盘读数	竖直角	仪器到墙面距离 D	横轴误差 $i''=\dfrac{D_{P1P2}\cdot ctan\alpha}{2D}\cdot\rho''$

191

6. 竖盘指标差的检验与校正

检验 次数	竖盘 位置	竖盘 读数	竖直 角	指标差	盘右正确读数

全站仪检验与校正记录表　　　　表 9-3

日期＿＿＿＿＿＿＿　天气＿＿＿＿＿＿　班级＿＿＿＿＿＿　小组＿＿＿＿＿＿
仪器型号＿＿＿＿＿＿　地点＿＿＿＿＿＿　检验者＿＿＿＿＿　记录者＿＿＿＿＿

1. 一般性检验

三　脚　架： 制动与微动螺旋： 望远镜成像： 照准部转动： 望远镜转动： 脚　螺　旋： 电池电量： 显示器状态： 棱镜及信号：

2. 圆水准器的检验与校正

检验（旋转照准部 180°）次数	气泡偏离情况	处理结果

3. 水准管的检验与校正

检验（旋转照准部 180°）次数	气泡偏离情况	处理结果

4. 十字丝竖丝的检验与校正

检验次数	偏离情况	处理结果

5. 视准轴的检验与校正

仪器位置	目标	盘位	水平度盘读数 ° ′ ″	两倍视准轴误差 $2C=$左－（右$\pm180°$）	处理意见及方法	处理结果
		左				
		右				

6. 光学对中器的检验与校正

光学对中器旋转照准部180°投点结果	处理意见及方法	处理结果
B A C D		

7. 仪器加常数的检验

次数	仪器的位置	棱镜的位置	观测距离（10次平均值）	计算 K 值 $K=D-(D_1+D_2)$	处理意见及方法	处理结果
1	A 点	B 点	$D=$			
	C 点	A 点	$D_1=$			
		B 点	$D_2=$			
2	A 点	B 点	$D=$			
	C 点	A 点	$D_1=$			
		B 点	$D_2=$			
3	A 点	B 点	$D=$			
	C 点	A 点	$D_1=$			
		B 点	$D_2=$			
K 值平均值 $\overline{K}=$						

普通水准测量记录　　　　　　表 9-4

日期＿＿＿＿＿＿　天气＿＿＿＿＿　班级＿＿＿＿＿　小组＿＿＿＿＿
仪器型号＿＿＿＿＿　地点＿＿＿＿＿　检验者＿＿＿＿＿　记录者＿＿＿＿＿

测站	测点	后视读数 a (m)	前视读数 b (m)	高差($h=a-b$) (m)	平均高差 (m)	高程 (m)	备注
检核		Σ	Σ	Σ			

194

水准测量路线成果计算表　　　表 9-5

日期＿＿＿＿＿＿　班级＿＿＿＿＿＿　小组＿＿＿＿＿＿　计算者＿＿＿＿＿＿

测点	距离 D (m)	测站数 n	实测高差 h (m)	改正数 v (mm)	改正后高差 $\bar{h}=h+v$ (m)	最后高程 H (m)	备注
Σ							

辅助计算：

$f_h=$

$f_{h容}=$

每站改正数＝

水平角观测记录（测回法）　　　　表 9-6

日期＿＿＿＿＿＿　天气＿＿＿＿＿＿　班级＿＿＿＿＿＿　小组＿＿＿＿＿＿

仪器型号＿＿＿＿＿　地点＿＿＿＿＿＿　检验者＿＿＿＿＿　记录者＿＿＿＿＿

测站	盘位	目标	水平度盘读数 （° ′ ″）	半测回角值 （° ′ ″）	一测回角值 （° ′ ″）	备注

红外测距仪距离测量记录

表 9-7

日期＿＿＿＿＿＿　　天气＿＿＿＿＿＿　　班组＿＿＿＿＿＿　　地点＿＿＿＿＿＿
仪器型号＿＿＿＿＿　棱镜号＿＿＿＿＿　观测者＿＿＿＿＿　记录者＿＿＿＿＿

测站点名 仪器高 （m）	棱镜点名 棱镜高 （m）	盘左竖盘读数 盘右竖盘读数 竖直角 （° ′ ″）	温度 气压	斜距 （m）	温度气 压修正 （mm）	倾斜 改正 （mm）	观测平距 （m） 计算平距 （m）	备注

距离丈量及磁方位角测定记录　　　　表 9-8

日期＿＿＿＿＿＿＿　　天气＿＿＿＿＿＿　　班组＿＿＿＿＿＿　　地点＿＿＿＿＿＿
钢尺号码＿＿＿＿＿　　钢尺长度＿＿＿＿　　观测者＿＿＿＿＿　　记录者＿＿＿＿＿

测段	丈量	整尺段数 n	余长 (m)	直线长度 (m)	平均长度 (m)	丈量精度	磁方位角 A_m	磁方位角均值	备注
	往								
	返								
	往								
	返								
	往								
	返								
	往								
	返								
	往								
	返								
	往								
	返								
	往								
	返								
	往								
	返								
	往								
	返								
	往								
	返								
	往								
	返								

导线点坐标计算表 表9-9

日期_____ 班级_____ 小组_____ 计算者_____

点名	观测角 (° ′ ″)	改正数 ″	改正后角值 (° ′ ″)	坐标方位角 (° ′ ″)	距离 (m)	增量计算值		改正后增量		最后坐标	
						Δx	Δy	(Δx)	(Δy)	x	y
Σ											
辅助计算	$f_\beta=$ $f_{\beta容}=$			$f_x=$ $f_y=$ $f=$ $k=$ $k_容=$							

199

经纬仪法碎部点测量记录

表 9-10

日期_____ 班级_____ 小组_____ 观测者_____ 记录者_____

测站点名_____ 测站高程_____ 后视点_____ 仪器高_____

测点	水平角值 (°′)	下丝读数 a 上丝读数 b	中丝读数 v	视距间隔 $l=a-b$	竖盘读数 (°′)	竖角 (°′)	改正数 $i-v$	高差 h (m)	高程 (m)	水平距离 (m)	备注

测设方法选择及理由：	
测设数据计算：	测设草图：
测设过程简述：	
检核情况：	

9.3 国家工程标准强制性条文

9.3.1 建设工程国家标准《工程测量规范》GB 50026—2007

5.3.43 境界线的绘制，应符合下列规定：

凡绘制有国界线的地形图，必须符合国务院批准的有关国境界线的绘制规定。

7.1.7 地下管线的开挖、调查，应在安全的情况下进行。电缆和燃气管道的开挖，必须有专业人员的配合。下井调查，必须确保作业人员的安全，且应采取防护措施。

7.5.6 当需要对下管线信息系统的软、硬件进行更新或升级时，必须进行相关数据备份，并确保在系统和数据安全的情况下进行。

10.1.10 每期观测结束后，应及时处理观测数据，当数据处理结果出现下列情况之一时，必须即刻通知建设单位和施工单位采取相应措施：

   1 变形量达到预警值或接近允许值；

   2 变形量出现异常变化；

   3 建（构）筑物的裂缝或地表的裂缝快速扩大。

9.3.2 工程建设行业标准《建筑变形测量规范》JGJ 8—2016

3.0.1 下列建筑在施工和使用期间应变形测量：

   1 地基基础设计等级为甲级的建筑物；

   2 复合地基或软弱地基上的设计等级为乙级的建筑；

   3 加层、扩建建筑；

   4 受邻近深基坑开挖施工影响或受场地地下水等环境因素变化影响的建筑；

   5 需要积累经验或进行设计分析的建筑。

3.0.11 当建筑变形观测过程中发生下列情况之一时，必须立即报告委托方，同时应及时增加观测次数或调整变形测量方案：

1　变形量或变形速率出现异常变化；

2　变形量达到或超出预警值；

3　周边或开挖面出现塌陷、滑坡；

4　建筑本身、周边建筑及地表出现异常；

5　由于地震、暴雨、冻融等自然灾害引起的其他变形异常情况。

参考文献

[1] 中华人民共和国行业标准. 工程测量规范 GB 50026—2007. 北京：中国计划出版社，2007.

[2] 中华人民共和国行业标准. 工程测量基本术语标准 GB/T 50228—2011. 北京：中国计划出版社，2011.

[3] 中华人民共和国行业标准. 精密工程测量规范 GB/T 15314—1994. 北京：中国计划出版社，1994.

[4] 刘娟主编. 工程测量. 北京：化学工业出版社，2009.

[5] 陆付民，李利主编. 工程测量. 北京：中国电力出版社，2009.

[6] 杨华主编. 工程测量. 哈尔滨：哈尔滨工程大学出版社，2010.

[7] 王霞主编. 工程测量. 北京：清华大学出版社；北京交通大学出版社，2010.

[8] 杨晓平主编. 工程测量. 北京：中国电力出版社，2008.

[9] 李强，余培杰，郑现菊主编. 工程测量. 长春：东北师范大学出版社，2012.

[10] 王军德，刘绍堂主编. 工程测量. 郑州：黄河水利出版社，2010.

[11] 周建郑主编. 工程测量（第二版）. 郑州：黄河水利出版社，2010.